미적분에 강해진다

그 의미와 사고방법

시바타 도시오 지음
임승원 옮김

전파과학사

머리말

 나의 중학시절인 1935년 전후에는 미적분은 물론이고 함수의 사고조차도 중학교에서는 가르치는 일이 없었다. 교무실을 들여다 보고 미적분의 책을 읽고 계시는 선생을 보고서는 경외(敬畏)하는 마음을 품었다.
 1945년 이후 나 자신도 중학·고교의 교단에 서서 미적분을 가르치게 되었다. 당시 한 학생으로부터 "저의 아버지는 회사의 사장인데 미적분 같은 것은 모른다. 도대체 무엇 때문에 이러한 것을 공부하지 않으면 안되는가"라는 질문을 받고 대답에 궁했던 경험이 있다.
 그러한 학생도 이미 훌륭한 사회인이 되고 그의 자식이 고교생·대학생이 되어 있다. 고교진학률이 90퍼센트가 넘는 오늘날에는 대부분의 사회인이 'x^3을 미분하면 $3x^2$', '극대·극소는 미분해서 0이라 둘 것' 정도의 것은 한번은 고교에서 배웠을 것이다.
 그러나 이공계의 일을 하고 있는 분이라면 어쨌든 입시전쟁에서 해방된 많은 사람들로서는 '미적분이 무엇이었던가'라는 허전함을 느꼈는지도 모른다.
 작년 초 릿쿄(立教) 대학 아카 쇼야(赤攝也) 교수의 소개로 고단샤의 다카하시 다다히코(高橋忠彦) 씨가 찾아와 "BLUE BACKS의 하나로서 미적분에 관한 것을 1권 추가하고 싶다."

는 이야기를 꺼냈다. 그 순간 강한 호기심과 이 난제에 대한 망설임이 머리 속에서 격투를 벌였다. 30수년 전 한 학생이 납득이 가지 않는 듯한 얼굴을 하고 있던 것이 눈에 선하게 떠오름과 동시에 머리띠를 질끈 매고 입시공부에 몰두하고 있던 많은 수험생의 모습, 미적분을 자유자재로 구사하여 보다 고도의 수학을 공부하고 있는 대학생 그룹, 고교의 교실에서 미적분을 가르치는 선생들, 이러한 각각의 분들에게 미적분이란 무엇인가. 미적분이 어떻게 이해되고 있는 것일까. 여러 가지 생각이 뇌리를 스쳤다. 그리고 '나로서도 미적분이란 무엇인가'라는 자기반성의 입장에 놓이게 되었다.

　이러한 배경 아래 새로 쓴 것이 이 책이다. 표제는 『미적분에 강해진다』이지만 제1화 「적분의 이야기」, 그리고 제2화 「미분의 이야기」로 이어진다. 겨냥한 표적을 한마디로 말하면

　　미적분, 정체 보았다, 협공(挾攻)

이다.

　미적분이라 하면 극한의 사고가 그 기초가 된다. 이것은 미지의 것을 이미 아는 것으로 끼워 넣는 조작으로서 파악한 것이다. 당연한 것이지만 여러 가지 부등식이 활약하는 것이다. 상세한 것은 본문을 읽기 바란다.

　그렇다 하더라도 큰 코끼리의 한끝을 만지는 것에 불과할지도 모르나 미분·적분과 만난 지 40수년이 되는 내가 지금 감지하고 있는 것을 언급해 보았다. 이 책을 읽고 '미적분이란 이러한 것인가, 그러한 것이었던가'라고 독자 여러분의 추억이나 느낌을 합쳐서 파악하기 바란다.

　나 자신이 앞으로 10년쯤 경과하면 지금 서술한 것이 '허상

(虛像)이었다'라고 후회하게 될지도 모르지만…….

이 책의 집필을 권유한 아끼고 존경하는 벗 아카 교수에게 경의를 표명한다. 또 여러 가지 신세를 진 고단샤의 다카하시 씨에게 감사드린다.

마지막으로 집필함에 있어서 역사적인 것을 참고로 한 다음의 서적 2권을 열거한다.

D. E. SMITH, *HISTORY OF MATHEMATICS* I. II. 1925, Dover, New York.

C. H. Edwards, Jr. *The Historical Development of The Calculus.* 1979, Springer-Verlag, New York.

차례

머리말 3

제1화 넓이에서 정적분으로(끼워 넣기 원리) 11

    적분의 근원은 토지의 측량 12
    입방배적문제 14
    다시 한 번 생각해 보자, 원의 넓이 18
    다 써버림의 방법 20
    아르키메데스 선생! 25
    포물궁형의 넓이 26
    아르키메데스 선생의 추정 31
    아르키메데스 선생의 증명 35
    아르키메데스 선생의 교훈(1) 44
    아르키메데스 선생의 교훈(2) 49
    아르키메데스 선생의 교훈(3) 55
    넓이란 무엇일까? 61
    과연 넓이는 확정되는가 66
    넓이의 계산예 70
    Σ-기호, 그것은 편리한 기호 74
    정적분이란 무엇인가 76

넓이함수란 무엇인가 86

제 2 화 접선 ; 미분계수에서 미적분의 본질로(국소근사의 사고) 93

우리들의 대지 94
곡선의 직선근사 98
타원의 접선 101
포물선의 접선 108
곡선의 접선이란 116
미분계수 121
미분계수의 의미 131
넓이함수의 미분계수 136
$f(x)=\frac{1}{x}$의 넓이 함수 $L(x)$ 143
$L(x)$의 역함수 $E(x)$ 147
도함수와 원시함수 151
점의 운동 160
등속 원운동 165
미분방정식 $f'(x)=kf(x)$ 174

제 3 화 함수공간(그 개척과 조성) 181

함수의 개념 182
함수공간에 있어서의 연산 186
함수공간, 안내지도 190
1차함수의 공간 194
n차함수의 공간 198

정함수의 공간 *205*
기본정리의 확장 *212*
해석적 함수의 공간 *217*
해석적 함수의 한 성질 *223*
함수의 그래프의 매끄러움 *228*
연속인 함수 *233*
미분가능한 함수의 공간 *237*

부록＝부등식 *243*

 1° 상가평균과 상승평균 *243*
 2° $(1+x)^p$에 관한 부등식 *248*
 3° $a_n = \left(1+\dfrac{1}{n}\right)^n,\ b_n = \left(1+\dfrac{1}{n}\right)^{n+1}$ *251*
 4° $1^r + 2^r + \cdots\cdots + n^r$에 관한 부등식 *253*

제 1 화

넓이에서 정적분으로
(끼워 넣기 원리)

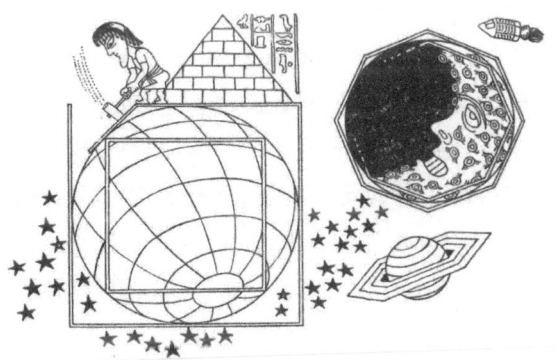

적분의 근원은 토지의 측량

수학이 체계적인 학문으로서 집대성된 것은 유클리드의 『원론』이라고 한다. 그것은 기원전 300년경의 일이다. 『원론』은 이른바 유클리드 기하의 원점이지만 거기서는 도형의 성질의 계통적 고찰뿐 아니고 양의 측정이나 수의 이론에 대한 깊은 고찰이 이루어져 있다.

이 책은 『원론』, 바로 그것이나 기하에 대한 해설을 시도할 작정은 아니다. 미적분의 이야기를 하는 것이 목적이다. 그 미적분의 적분 쪽이 도형의 넓이나 부피와 깊은 관계가 있고 그리고 기하가 토지(geo)의 측량(metry)에 기인하기 때문에 예로 든 것이다. 그리고 『원론』에 포함되어 있는 양의 측정에 관한 고찰도 또한 미적분을 짜맞춰 가는 경우의 수에 대한 현대적인 사고방식과 깊이 통하고 있기 때문이다. 즉 우리들이 이제부터 관광을 떠나려는 미적분, 특히 적분의 나라의 근원은 먼 옛날에 있다고 할 수 있다고 생각하기 때문이다.

위에서도 말했지만 기하가 토지의 측량으로부터 시작되었다는 것은 케케묵은 이야기이므로 여러분도 잘 알고 있을 것이다.

나일강의 정기적인 범람이 비옥한 토양을 만들어 냈고 동시에 구획정리를 위한 측량을 필요로 했다는 것이다. 그것이 아니더라도, 아니 바로 그것 때문에 이 큰 강의 유역에 고대문명이 번영한 것이겠지만 피라미드 등 장대한 건조물의 담당자로서 고도의 측량술이 발달하고 있었던 것은 의심의 여지가 없다. 이 기술이 고대 그리스에도 전해져 기하학이 되고 『원론』으로 정리된 것이다.

제1화 넓이에서 정적분으로 13

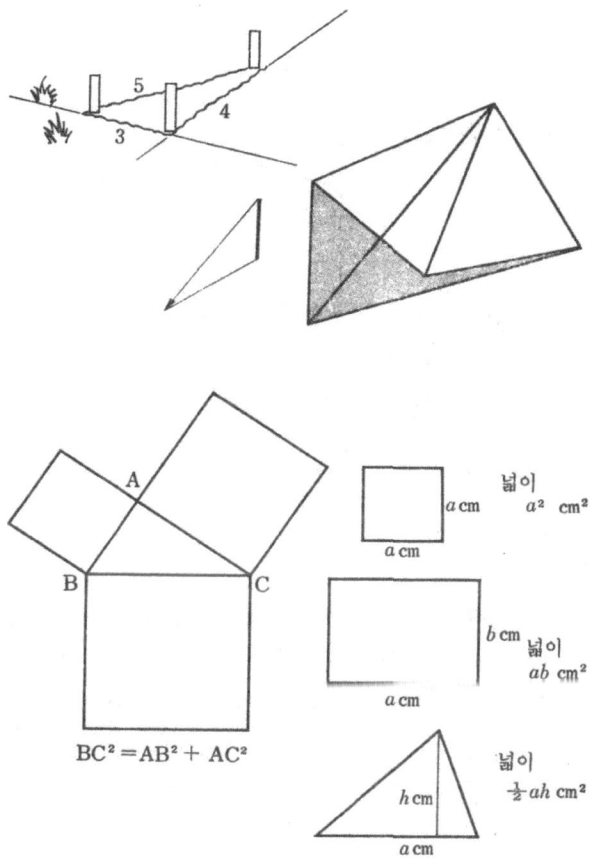

지금은 피타고라스의 정리(세제곱의 정리)는 중학교 3학년에서 배운다. 또 정사각형의 넓이는 1변의 제곱, 직사각형은 세로×가로, 3각형은 (밑변×높이)÷2라는 것은 국민학생도 잘 알고 있다. 다각형의 넓이는 3각형으로 분할함으로써 구할 수 있다. 또 직육면체나 각기둥, 각뿔의 부피의 공식도 국민학

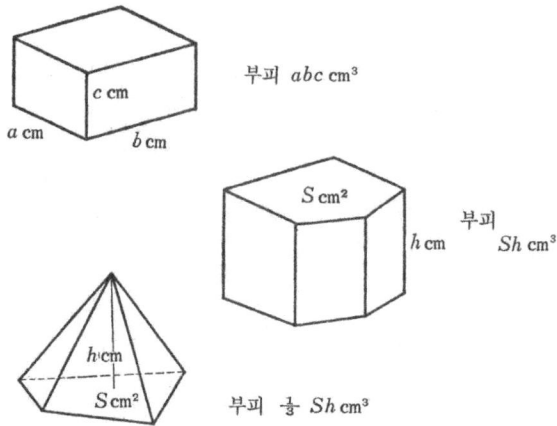

교에서 중학교까지 걸쳐서 배운다.

입방배적문제

　건조물의 설계에는 도형의 작도가 필요하다. 작도에 사용할 수 있는 간단한 기구는 자와 컴퍼스이다. 자와 컴퍼스에 의한 작도에 대해서 기원전 400년경의 아테네 시대의 학자를 괴롭힌 세 가지 작도문제가 있다. 그것은 각의 3등분, 입방배적, 원적의 세 가지 문제이다. 이 중의 2개가 도형의 부피나 넓이에 관계하고 있다.

　현재로서는 이 세 가지 작도는 '자와 컴퍼스로 작도하는 것은 불가능 하다'라는 것이 수학적으로 증명돼 있다. 그러나 가끔 '각의 3등분의 작도법'에 대한 투서가 수학교실에 날아들어 오는 일이 있다. 죄송하지만 대개는 거들떠 보지도 않는다. 때로는 대만 부근으로부터의 투서도 있어 회답을 보내는데 애를 먹는다. 여러분은 이 문제에 자와 컴퍼스로 도전하려는 따위는

제1화 넓이에서 정적분으로 15

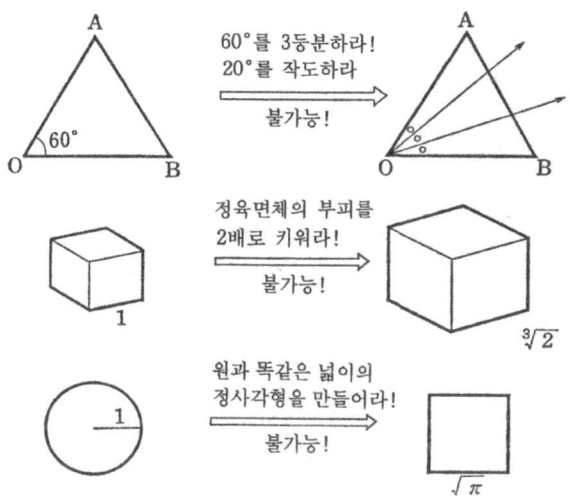

꿈에도 생각하지 말기를 바란다. 여러분 자신과 그리고 잘못된 작도법을 검증하는 쪽으로서도 시간낭비가 되므로…….

입방배적문제에 대해서는 여러 가지 전설이 있다. 그 하나는 크레타 섬의 이야기로서 정육면체형태의 '왕자의 무덤이 작으니 그것을 2배로 키워라'라는 왕의 명령에 학자들이 고민했다는 것이다. 또 하나는 지중해의 델로스 섬에 전염병이 유행했을 때 그것을 구제하기 위해서는 정육면체의 형태를 한 제단인가 신전(神殿)인가를 2배로 키우라는 신의 계시가 있었다는 전설이다. 후자는 1변을 2배로 하였더니(부피는 8배가 되어 버려) 점점 더 전염병이 확산됐다든가 하는 과장된 말까지 있다.

그런데 기원전 350년경 메나이크모스라는 학자는 이 입방배적의 문제를 해결하는데에 '포물선'을 이용했다고 한다. 포물선이나 타원, 쌍곡선은 원뿔을 평면으로 절단한 절단면의 곡선이

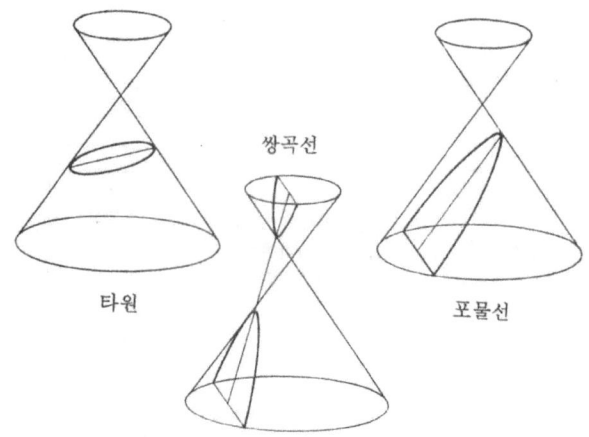

타원 쌍곡선 포물선

고 원뿔곡선이라 일컬어지고 있다. 원뿔곡선이 행성의 궤도나 포물체의 궤도로서 등장하는 것은 훨씬 뒤의 이야기이고 처음에는 작도문제의 해결책으로서 생각된 셈이다.

입방배적문제와 원뿔곡선이 어떻게 서로 관계하고 있는지를 현대풍으로 '좌표'를 사용해서 설명하자.

1변이 1인 정육면체의 부피를 2배로 한 정육면체의 1변을 x라 하면

$$x^3 = 2$$

가 된다. 바꿔 말하면 $\sqrt[3]{2}$를 작도하려는 것이다.

그런데 2개의 포물선

$$y = x^2 \text{과 } y^2 = 2x$$

의 교점을 구해 보면

제1화 넓이에서 정적분으로 17

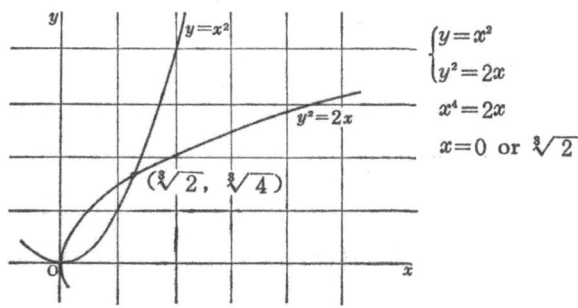

(0, 0)과 그리고 ($^3\sqrt{2}$, $^3\sqrt{4}$)

따라서 포물선을 그릴 수 있으면 $\sqrt[3]{2}$ 를 구할 수 있고 입방배적문제가 해결되는 것이다.

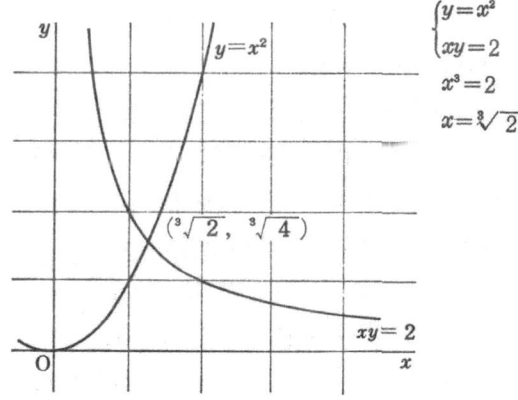

또

포물선 $y=x^2$과 쌍곡선 $xy=2$

를 생각해 보자. 이 교점도

$$(\sqrt[3]{2}, \sqrt[3]{4})$$

이다. 쌍곡선도 또 입방배적문제와 관계하고 있다.

작도문제 등과 관련해서 원뿔곡선이나 여러 가지 곡선이 예로부터 생각되고 있었던 것이다.

다시 한 번 생각해 보자, 원의 넓이

반지름 r인

$$\text{원의 넓이는 } \pi r^2, \text{ 둘레는 } 2\pi r$$

그리고 π는 원주율이고

$$\pi = 3.14159265\cdots\cdots$$

라는 것은 누구라도 알고 있다.

원과 같은 크기의 정사각형을 작도하는 문제는 결국 $\sqrt{\pi}$를 작도하는 문제가 된다. 그런데 이 π는 입방배적문제 때 나온 $\sqrt[3]{2}$ 등과는 비교가 안되는 까다로운 수이다. $\sqrt[3]{2}$나 $\sqrt{3}$ 등은 각각 방정식 $x^3=2$, $x^2=3$의 풀이지만 π를 만족하는 대수방정식은 없다.

미적분학의 발전의 덕분으로 π의 값을 나타내는 급수가 여러 가지 발견되었다. 한편 컴퓨터 발달의 덕분으로 현재로는 π의 값이 10만 자리 이상도 계산되고 있다.

그러나 너무 세세한 수치는 실용적으로 의미가 없다. 예컨대 반지름 100미터의 원형의 토지의 넓이를 구하는 데 π로서 3.14159를 사용하는 것과 3.1416을 사용하는 것과의 그 차이는 $(100)^2 \times 0.00001 = 0.1(m^2)$이다. 또 반지름 100미터의 원의 둘레의 경우라면 $200 \times 0.00001 = 0.002(m)$, 즉 2밀리미터이다.

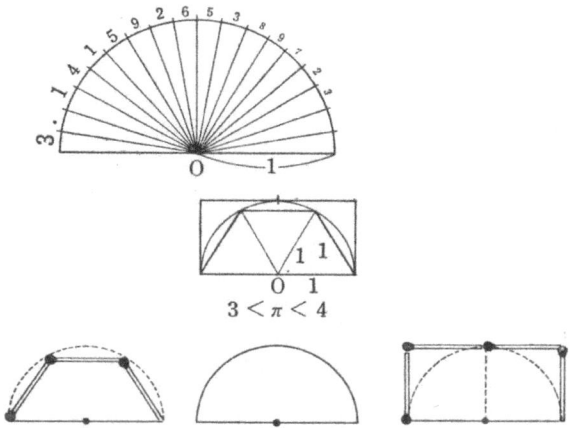

오히려 100미터의 반지름의 측정 오차의 쪽이 문제가 될 것이다.

그런데 다각형의 넓이는 그 다각형을 3각형으로 분할함으로써 구할 수 있다. 원의 넓이는 원을 내접 정다각형과 외접 정다각형으로 협공함으로써 결정되어 간다. 즉

안으로부터, 밖으로부터 끼워넣어라!

라는 것이다.

요즘은 함수의 키(key)가 부착된 간편한 전자식 탁상계산기를 쉽게 입수할 수 있다. 이것을 사용해서 계산해 보자.

n	내접 정n각형 $\dfrac{n}{2}\sin\dfrac{360°}{n}$	외접 정n각형 $n\tan\dfrac{180°}{n}$
6	2.59807621	3.46410161
12	3.	3.21539031
24	3.10582854	3.15965994

48	3.13262861	3.14608621
96	3.13935020	3.14271459
192	3.14103194	3.14187303

반지름 1인 원

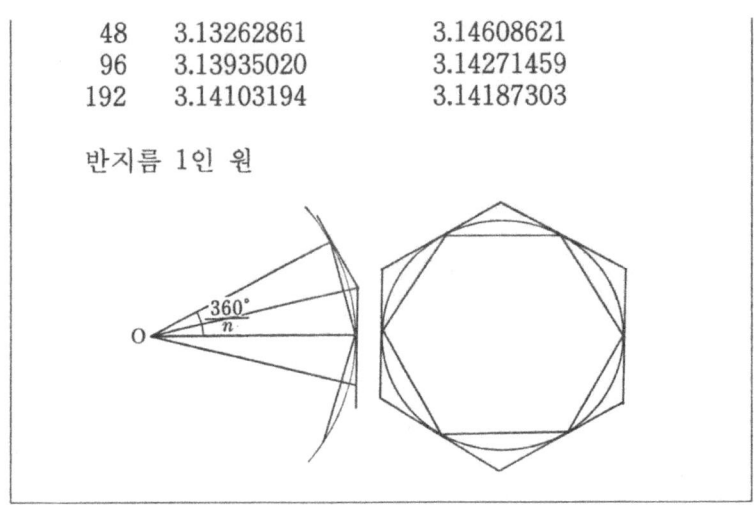

다 써버림의 방법

그리스시대의 구적법의 하나로 다 써버림의 방법(Method of Exhaustion)이라는 방법이 있었다. 에우독소스(Eudoxos)라는 학자가 고안한 것이라고 전해지고 있다. 원의 넓이나 포물선과 그 현이 에워싸는 도형의 넓이를 결정하는 데에 사용되었다.

원의 넓이에 대해서 이 다 써버림의 방법을 사용해 보자.

먼저 원에서 내접 정6각형을 제거한다. 남은 것은 6개의 궁형(弓形)이다. 다음으로 변의 개수를 2배하여 내접 정12각형을 제거한다. 정6각형의 부분에 더해서 새로이 제거된 것은 정6각형의 1변을 밑변으로 하는 2등변3각형 6개이다(21페이지의 그림).

처음에 남겨진 궁형 6개와 새로이 제거된 2등변3각형 6개의 넓이를 비교해 보기 바란다. 그림의 설명에서 알 수 있는 것처럼

제1화 넓이에서 정적분으로 21

$$(\text{남겨진 부분}) \times \frac{1}{2} < (\text{증가부분})$$

이 된다.

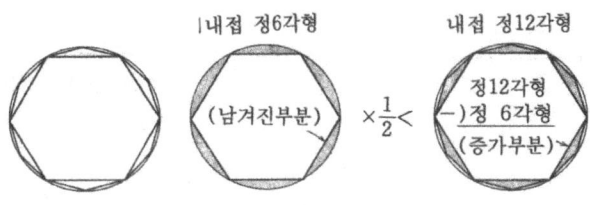

$$(\text{남겨진 부분}) \times \frac{1}{2} < (\text{증가부분}) < (\text{남겨진 부분})$$

즉 정6각형에서 정12각형으로 변의 수를 2배하면 처음에 남겨진 부분의 넓이의 절반보다 큰 부분이 제거된다. 정12각형을 제거했을 때 남은 것은 12개의 궁형이다. 변의 수를 2배로 하여 정24각형으로 한다. 새로이 제거되는 증가부분은 12개의 2등변3각형이다. 이때에도 마찬가지로

$$(\text{남겨진 부분}) \times \frac{1}{2} < (\text{증가부분})$$

이라는 것은 추정할 수 있고 확인도 할 수 있을 것이다.

정6각형, 정12각형, 정24각형……으로 변의 수를 2배, 2배로 하여 갈 때 항상 남겨진 부분의 절반 이상이 새로이 제거된다. 그리고 내접 정다각형을 생각하고 있는 것이므로 원 전체를 넘는 일은 없다.

변의 수를 배, 배로 하여감에 따라 남겨진 부분은 자꾸만 그

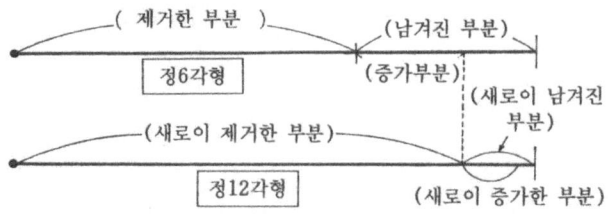

리고 얼마든지 작아져 간다.

그것은 항상

$$(\text{새로 남겨진 부분}) < \frac{1}{2}(\text{원래 남겨진 부분})$$

이기 때문이다.

이와 같이 하여 원의 넓이를 '다 써버려 가는' 것이다. 또는 원의 넓이를 '짜내어 간다'라고도 말할 수 있다. '다 써버리는 방법'은 '짜내는 방법'이라고도 일컫고 있다.

이와 같이 하여 원의 넓이가 요즘 식으로 말하면 내접정다각형의 넓이의 극한으로서 결정되는 것이다.

이 방법의 중요한 점은 n을 크게 하면 원의 넓이와 내접 정n각형의 넓이의 차를

얼마든지 작게 할 수 있다

라는 것이다.

이러한 것을 사용하면

원의 넓이는 그 반지름의 제곱에 비례한다

는 것을 알 수 있다.

반지름 p, q인 원의 넓이를 각각 P, Q라 하면

$$\frac{P}{p^2} = \frac{Q}{q^2}$$

라는 것이다. 이 값은 실은 π이다.

논리에 약하지 않은 분을 위해서 위의 비례등식을 유도해 보자. '배리법(背理法)'을 사용하는 것이다.

$\frac{P}{p^2} > \frac{Q}{q^2}$ 즉 $P > \left(\frac{p}{q}\right)^2 Q$ 라 하자!

원 P에 내접하는 정다각형에서 그 넓이 P_1과 원 P의 넓이(그것은 P였다)의 차

$$P - P_1$$

은 얼마든지 작게 잡을 수 있으므로 양수 $P - \left(\frac{p}{q}\right)^2 Q$ 보다도 작게 할 수 있다. 즉

$$P - \left(\frac{p}{q}\right)^2 Q > P - P_1 > 0$$

이라 할 수 있다!(다 써버림의 방법)

그러므로
$$P_1 > \left(\frac{p}{q}\right)^2 Q \qquad (1)$$

원 Q에 내접하고 P_1과 닮음인 정다각형의 넓이를 Q_1이라 한다.

$Q > Q_1$이므로 (내접!) (1)로부터

$$P_1 > \left(\frac{p}{q}\right)^2 Q_1$$

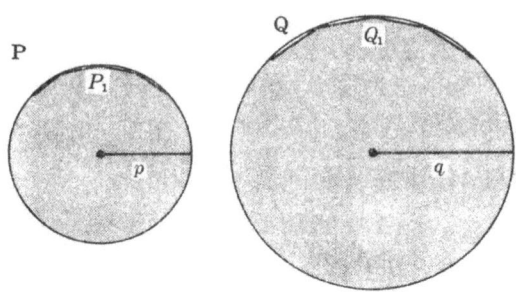

즉 $\dfrac{P_1}{Q_1} > \dfrac{p^2}{q^2}$

이것은 이상하다! 닮은 다각형의 넓이의 비 $P_1 : Q_1$은 닮음비 $p : q$의 제곱과 똑같아야 할 것이다! 이것은 모순이다!

그러므로 $\dfrac{P}{p^2} > \dfrac{Q}{q^2}$는 아니다.

마찬가지로 $\dfrac{P}{p^2} < \dfrac{Q}{q^2}$도 아니다.

따라서 $\dfrac{P}{p^2} = \dfrac{Q}{q^2}$가 아니면 안된다.

어쩐지 아쉽게 생각하는 사람, 무언가 속임수를 당한 것 같은 느낌이 드는 사람은 없는지. 그렇다. 위에서 생각한 것은 원이라는 것의 넓이가 확정되어 있는 것으로 생각하여 그 전제에 입각한 논의이기 때문이다. 원의 넓이라는 것이 결정된다면 '여봐 이렇게 되는 것이야'라고 하는 것이다. 그래서 '배리법'이라는 정황증거에 의존한 것이다.

다 써버리는, 짜내는 본체(원의 넓이)는 무엇인가. 다각형이라면 여하간에 원이나 포물선처럼 곡선으로 에워싸인 도형의 넓이를 어떻게 해서 정의하는지가 문제이다. 이것이야말로 '분할해서 어림하는' 적분의 과제이다.

아르키메데스 선생!
이번에는 그 유명한 아르키메데스 선생에게 등장을 부탁하자. 기원전 200년대의 대수학자, 대물리학자이다. 많은 화제가 남겨져 있다.
먼저 뭐니 해도 '아르키메데스의 원리'일 것이다. 입욕 중에 왕관의 순도를 측정하는 방법을 발견하고 알몸의 모습으로
유 레 카   유 레 카
EUREKA EUREKA (발견했다! 했다!)
라고 외치면서 거리로 뛰어나갔다는 이야기이다.

  물속의 물체는 배제한 물의 분량만큼 가벼워진다.

라는 것이 그 원리이다. 이것은 역학에 대한 원리인데 수학에서 아르키메데스의 원리 또는 아르키메데스의 공리라고 할 때는 별개의 것을 말한다. 현대가 되어서 붙여진 명칭인데 이에 대해서는 후술한다.

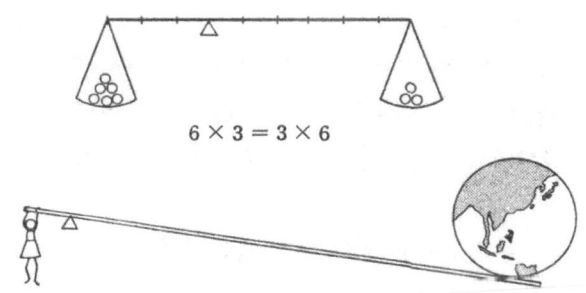

$6 \times 3 = 3 \times 6$

또한 투석기(投石機)나 凹면경(面鏡) 등의 병기를 발명하여 고향 시라쿠사에 쳐들어온 로마군을 괴롭혔다는 이야기다. 凹면경이라 하면 파라볼라(포물곡면), 현재의 파라볼라 안테나의 원조일지도 모른다.

그리고 지레의 원리이다. '지렛목과 지렛대와 장소를 주면 지구도 움직여 보이겠다'라고 호언하였다는 이야기도 유명하다.

거듭 내접, 외접의 정다각형을 사용해서 원주율 π를

$$\frac{223}{71} < \pi < \frac{22}{7}$$
$$3.1408 \qquad 3.1428$$

이라고 평가했다라고도 전해지고 있다.

상세한 이야기는 알맞은 서적에 미루자. 여기서는 도형의 넓이를 구하는 방법으로서 아르키메데스 선생의 '끼워 넣기의 방법'에 집중하기로 한다.

포물궁형의 넓이

아르키메데스 선생은 포물선과 그 현으로 에워싸인 도형의 넓이를 나타내는 공식을 발견하고 그것이 올바르다는 것을 엄밀하게 나타내어 보였다.

즉 아래의 그림에서 빗금을 친 부분──이것을 잠정적으로 포물궁형(拋物弓形) OA라 하기로 한다──의 넓이가 3각형 OAT의 넓이의 3분의 1임을 나타내어 보인 것이다.

$$(포물궁형\ OA) = \frac{1}{3}(\triangle OAT)$$

제 1 화 넓이에서 정적분으로 27

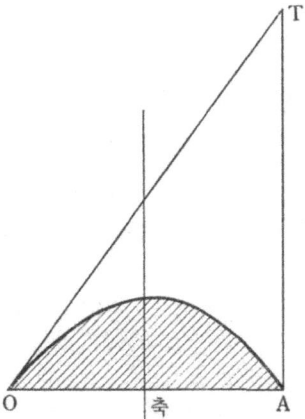

 이 그림에서 직선 OT 는 포물선의 접선이고 직선 AT 는 포물선의 축(대칭축)에 평행이다.
 아르키메데스 선생은 어떻게 하여 이 공식을 발견하고 증명한 것일까. 아르키메데스 선생의 사고를 더듬어 보기로 하자.

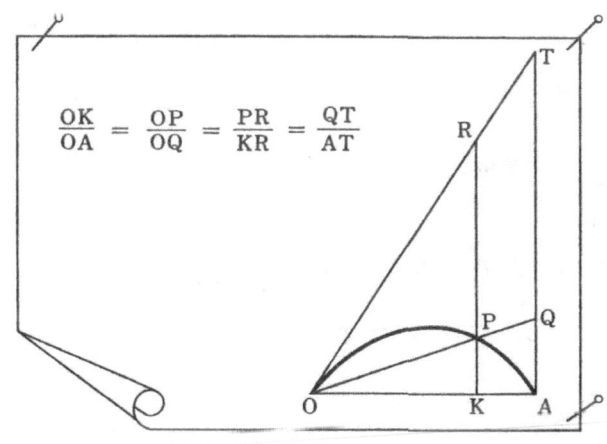

그를 위해서 앞의 그림에서 보여 주는 비례관계가 필요해진다.

그림에서 점 P는 포물선의 호 $\widehat{OA}$ 상의 점이고 직선 KPR 은 직선 AT와 평행이다.

이 등식은 고교생인 S군을 시켜서 유도하도록 하자.

(S군을 이제부터 가끔 조수로 부리기로 한다.)

이 비례등식에서 첫번째와 세번째의 등식

$$\frac{OK}{OA} = \frac{OP}{OQ}, \quad \frac{PR}{KR} = \frac{QT}{AT}$$

는 평행선과 비례의 관계이므로 바로 알 수 있을 것이다. 문제는 이 2개의 비가 똑같다고 하는 한가운데의 등호(等號)이다.

S군! 부탁한다.

S군의 계산 :

포물선의 식을

$$y = x(a-x)$$

라 한다.
접선 OT의 식은

$$y = ax$$

이다.

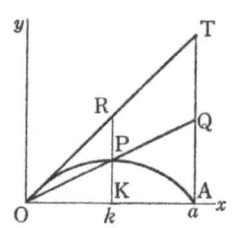

점 A, 점 T의 좌표는 각각

$$A(0, a), \; T(a, a^2)$$

이다.

포물선 상의 점 P의 좌표를

$$P(k, k(a-k))$$

라 하면 점 R의 좌표는

$$R(k, ak)$$

이다.

따라서

$$KR = ak$$
$$PR = ak - k(a-k) = k^2$$

그러므로

$$\frac{PR}{KR} = \frac{k^2}{ak} = \frac{k}{a} = \frac{OK}{OA}$$

따라서

$$\frac{OK}{OA} = \frac{OP}{OQ} = \frac{PR}{KR} = \frac{QT}{AT} \left(= \frac{k}{a} \right)$$

S군이 한 것처럼 위에서 언급한 비례등식을 유도할 수 있다. 이 등식으로부터 여러 가지의 것을 알 수 있다.

점 P는 포물선 호 $\overset{\frown}{OA}$ 상의 임의의 점이었다. 즉 점 K를 선분 OA 상의 임의의 점에 잡아서 위에서 언급한 비례등식이 성립되는 것이다. 다시 한번 가로방향의 분자, 분모와 세로방향의 분자, 분모의 대응관계를 확인하기 바란다.

가로방향은 좌로부터, 세로방향은 위로부터

이다.

먼저 점 K가 선분 OA의 중점(中点)이라면? 그렇다! 점 P는 선분 OQ 및 선분 KR의 중점, 그리고 점 Q는 선분 AT의 중점이다.

점 K가 선분 OA의 4등분점일 때는 점 P도 선분 OQ, 선분 KR의, 그리고 점 Q는 선분 AT의 4등분점이 된다. 다만 '가로방향은 좌로부터, 세로방향은 위로부터'에 주의하기 바란다.

일반적으로 $OK : KA = m : n$일 때는

$$OP : PQ = PR : KP = QT : AQ = m : n$$

이 된다.

이것은 $\triangle OAT$가 주어졌을 때 포물선의 호를 그리는 하나의 방법을 나타내어 보이고 있다.

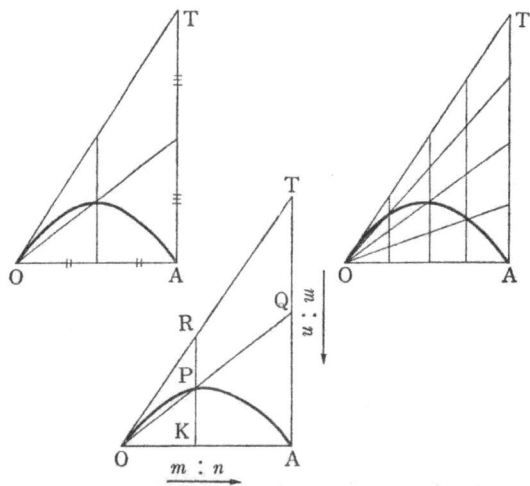

즉,

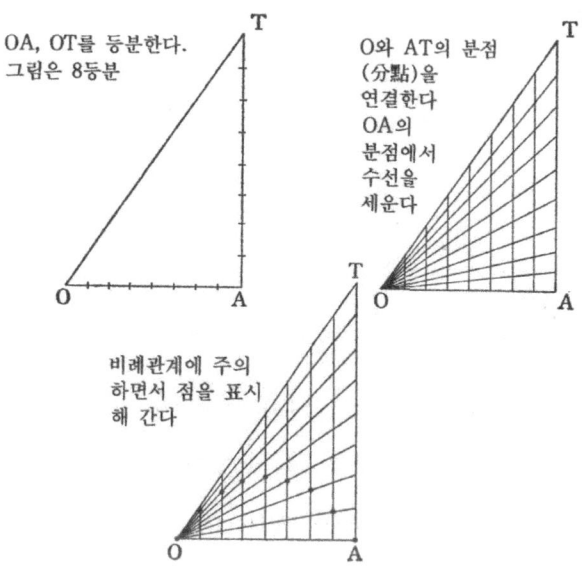

아르키메데스 선생의 추정

 아르키메데스 선생은 어떻게 해서 공식을 발견한 것일까. 그 사람과 '지레의 원리'의 관계에는 매우 밀접한 것이 있다. 포물궁형의 넓이의 공식

$$(\text{포물궁형 } OA) = \frac{1}{3}(\triangle OAT)$$

를 아르키메데스 선생은 지레의 원리에 의해서 발견했다고 전해지고 있다.

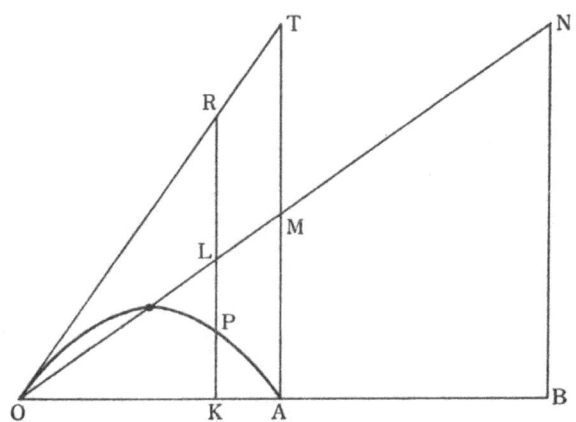

아르키메데스 선생은 다음과 같이 생각하였다.
위의 그림에서 점 M은 선분 AT의 중점

$$OA = AB \quad NB \perp OB$$

라 한다.

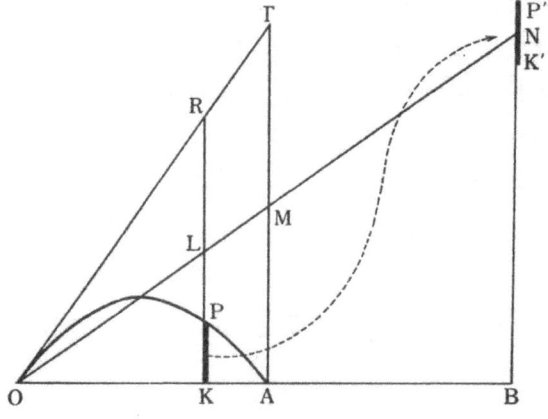

앞에서 말한 비례등식을 상기하기 바란다.

$$\frac{KR}{KP} = \frac{AO}{AK}$$

가 유도된다. 그리고 $OA=AB$라는 것과 평행선의 성질로부터

$$\frac{AO}{AK} = \frac{AB}{AK} = \frac{MN}{ML}$$

따라서

$$\frac{KR}{KP} = \frac{MN}{ML}$$

분모를 없애면

$$KR \cdot ML = KP \cdot MN$$

이 된다.
선분 KP를 점 N의 곳으로 옮겨서 $K'P'$로 바꿔 놓으면

$$KR \cdot LM = K'P' \cdot MN$$

이 된다.
이것은 점 M을 받침점으로 하여

선분 KR과 선분 $K'P'$

가 균형이 잡혀 있음을 나타내어 보이고 있다.
　이러한 것은 점 K(선분 $KPLR$)를 선분 OA의 어디에 잡아

도 성립한다.

결국 포물궁형 OA가 선분 KP로부터 구성되어 있다고 생각하여 포물궁형을 점 N의 곳으로 옮기고 한편 $\triangle OAT$가 선분 KR로 구성되어 있다고 생각하면

$$\triangle OAT \text{와 포물궁형 } OA$$

와는 점 M을 받침점으로 하여 균형이 잡히게 된다.

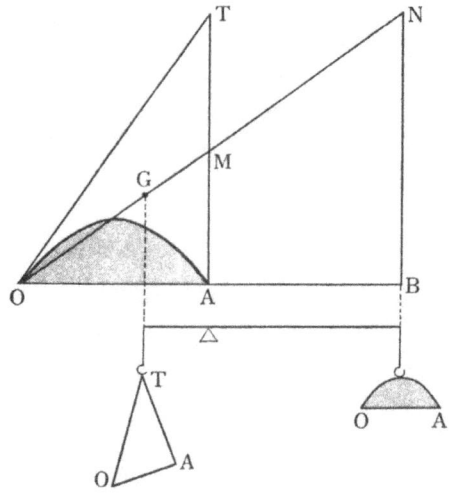

그런데 $\triangle OAT$의 중심(重心) G는 중선(中線) OM 상의 점 M에서 3분의 1의 부분에 있다.

따라서

$$(\triangle OAT) \cdot MG = (\text{포물궁형 } OA) \cdot MN$$

그런데 $MN = OM$이므로

$$MG = \frac{1}{3}MN$$

그러므로

$$\frac{1}{3}(\triangle OAT) = (포물궁형\ OA)$$

가 돼서 목표하는 공식이 만들어졌다.

아르키메데스 선생은 그리고 지금 우리들도 마치 선분에 무게가 있는 것처럼 생각해서 위의 공식을 물리적으로 유도하였다. 예상하였다고 하는 편이 좋을지도 모르지만 충분히 설득력 있는 사고방식이라고 할 수 있을 것이다.

아르키메데스 선생의 증명

아르키메데스 선생은 어떻게 이 공식이 옳다는 것을 증명한 것일까. 앞에서 포물선에 대한 비례관계를 사용해서 포물선을 그리는 방법에 대해서 언급하였다. 포물궁형의 주위를 끄집어내어 보면 36페이지의 위쪽 그림처럼 된다. 그림은 선분 OA (AT)를 8등분한 경우인데 포물궁형의 등에 고지라의 지느러미와 같은 톱니모양의 것이 붙어 있다. 포물선의 호의 내측에도 깔쭉깔쭉한 꺾은 선을 볼 수 있다.

포물궁형 OA는,

아래쪽 톱니형과 위쪽 톱니형

사이에 있다.

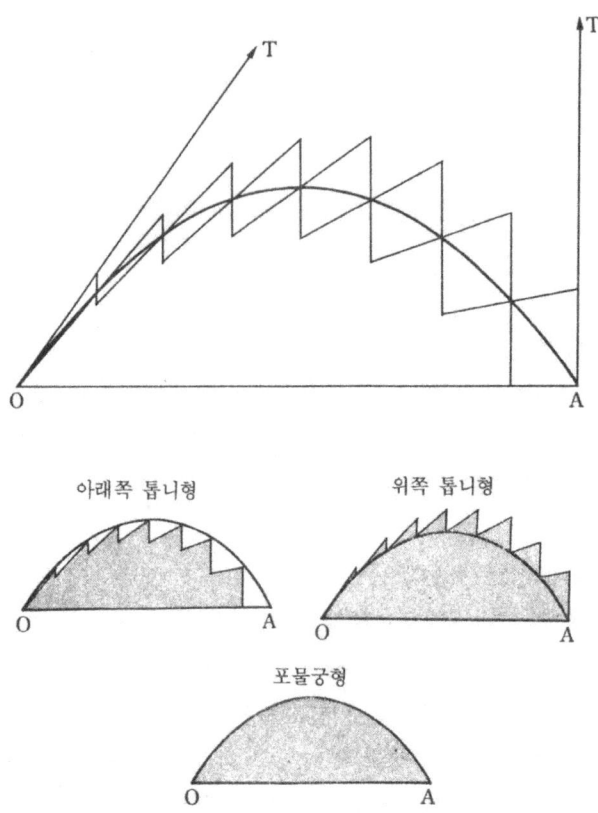

포물궁형 OA의 넓이를 M이라 한다. 선분 $OA(AT)$를 8등분하여 만들어지는

    아래쪽 톱니형이 에워싸는 넓이를 A_8
    위쪽 톱니형이 에워싸는 넓이를 B_8

라 하면

$$A_8 < M < B_8$$

이다.

A_8, B_8의 밑에 붙은 첨자 8은 8등분의 8이고 n등분이라면 A_n, B_n이다.

n등분 했을 때도

(아래쪽 톱니형)⊂(포물궁형)⊂(위쪽 톱니형)
$$A_n < M < B_n$$

이라는 것은 도형적으로 명백할 것이다.

△OAT의 넓이를 N으로 나타내기로 한다. 8등분, 16등분 ……으로 등분점을 세분화해 갈 때, 즉 $n \to \infty$일 때

$$A_n,\ B_n \longrightarrow \frac{1}{3}N$$

을 나타내어 보일 수 있으면

$$M = \frac{1}{3}N$$

이 되지만 이것은 현대식 사고이다.

옛날의 그리스에는 '극한의 사고'는 개발되지 않았다. 아르키메데스 선생은 극한이행(移行)을 피하여 다음과 같이 논하였다.

먼저 상하의 톱니형의 넓이 A_n, B_n과 △OAT의 넓이에 대해서 다음의 2개의 관계식을 유도한다.

$$B_n - A_n = \frac{1}{n}N, \quad A_n < \frac{1}{3}N < B_n$$

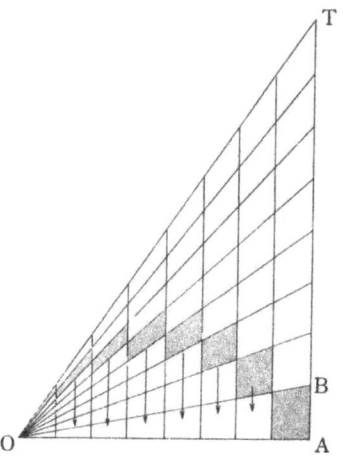

처음의 등식은 위의 그림을 가만히 주시하고 있으면 알 수 있을 것이다.

$B_n - A_n$은 그림의 그림자 부분이고 각각의 소구획(小區劃)을 바로 밑으로 내리면

$$B_n - A_n = \triangle OAB = \frac{1}{n}N$$

다음의 부등식은 조수인 S군에게 부탁하자.

S군의 계산(S군을 믿고 건너뛰어도 된다.)

그림에서 점 K는 선분 OA를 n등분 했을 때 좌측에서 k번째의 분점(分點)이다.

이때 점 Q는 선분 AT를 n등분 했을 때의 위로부터 k번째의 분점이 된다.

위쪽 톱니형의 넓이 B_n은 점 K를 등분점마다 잡아서 만들어지는 n개의 $\triangle OPP'$의 넓이의 합이다.

그리고 아래쪽 톱니형의 넓이 A_n은 $(n-1)$개의

제1화 넓이에서 정적분으로 *39*

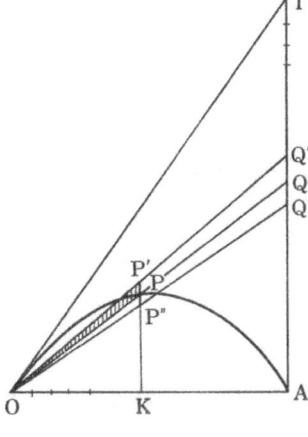

△*OPP*″의 넓이의 합이다.

더욱이 △*OPP*′와 △*OPP*″는 넓이가 같다. 또 △*OPP*′와 △*OQQ*′는 닮음이다.

닮음비는 $k : n$

△*OQQ*′의 넓이는 △*OAT*의 넓이의 n분의 1이다.

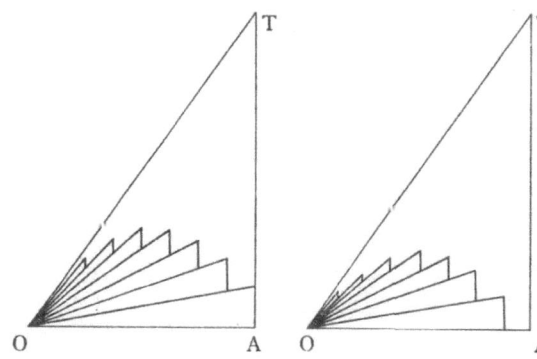

넓이의 비는 닮음비의 제곱이므로

$$\triangle OPP' \,(=\triangle OPP'')$$
$$=\left(\frac{k}{n}\right)^2 \frac{1}{n} \triangle OAT = \frac{k^2}{n^3} N$$

따라서

위쪽 톱니형의 넓이 B_n은

$$B_n = \frac{1}{n^3}(1^2+2^2+\cdots\cdots+n^2)N$$

$$= \frac{1}{n^3}\frac{n(n+1)(2n+1)}{6}N$$

$$= \left(1+\frac{1}{n}\right)\left(\frac{1}{3}+\frac{1}{6n}\right)N > \frac{1}{3}N$$

아래쪽 톱니형의 넓이 A_n은

$$A_n = \frac{1}{n^3}(1^2+2^2+\cdots\cdots+(n-1)^2)N$$

$$= \frac{1}{n^3}\frac{(n-1)n(2n-1)}{6}N$$

$$= \left(1-\frac{1}{n}\right)\left(\frac{1}{3}-\frac{1}{6n}\right)N < \frac{1}{3}N$$

그러므로

$$A_n < \frac{1}{3}N < B_n$$

Q. E. D.

S군의 증명의 요점의 하나는 다음의 부등식이다. 다음 그림의 피라미드를 관찰하기 바란다. 이 부등식이 보일 것이다.

$$1^2+2^2+\cdots\cdots+(n-1)^2 < \frac{n^3}{3} < 1^2+2^2+\cdots\cdots+(n-1)^2+n^2$$

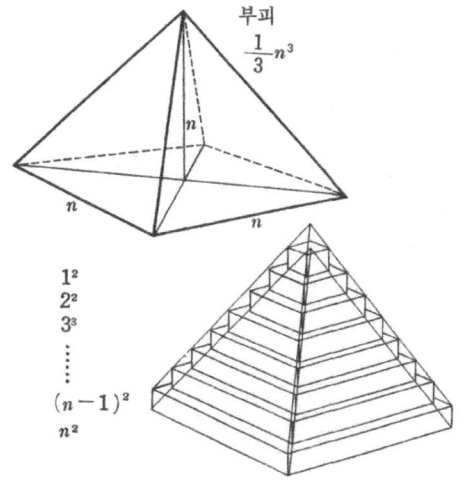

$$\frac{1}{3}n^3 < 1^2+2^2+3^2+\cdots+n^2$$
$$(1^2+2^2+\cdots+(n-1)^2 < \frac{1}{3}n^3 \text{도 보일 것이다.})$$

그러면 여기까지에서 알 수 있었던 것은

$$A_n < M < B_n, \quad A_n < \frac{1}{3}N < B_n$$
$$B_n - A_n = \frac{1}{n}N$$

의 3개이다.

나타내어 보이고자 하는 것은

$$M = \frac{1}{3}N$$

이다.

아르키메데스 선생은 다음과 같이 추론한다.

《먼저
$$M > \frac{1}{3}N 이라 가정하라!$$

2개의 부등식에서
$$0 < M - \frac{1}{3}N < B_n - A_n \qquad (1)$$

한편
$$n\left(M - \frac{1}{3}N\right) > N$$

이 되는 자연수를 n이라 하면
$$M - \frac{1}{3}N > \frac{1}{n}N = B_n - A_n \qquad (2)$$

(1)과 (2)는 모순되고 있다.

다음으로
$$M < \frac{1}{3}N 이라 가정하라!$$

2개의 부등식에서
$$0 < \frac{1}{3}N - M < B_n - A_n \qquad (1')$$

한편
$$n\left(\frac{1}{3}N - M\right) > N$$

이 되는 자연수를 n이라 하면

$$\frac{1}{3}N - M > \frac{1}{n}N = B_n - A_n \qquad (2')$$

(1')와 (2')도 또한 모순이다.
그러므로

$$M = \frac{1}{3}N$$

이 아니면 안되는 것이다!〉라고.

포물궁형의 넓이라 해도 무언가 특별한 경우를 조사한 것에 불과한 것이 아닌가라고 생각하는 분도 있을지 모른다. 그러한 분들은 아래의 그림을 가만히 관찰하기 바란다. 지금까지 생각해 온 것이 이 그림과 같은 경우에도 꼭 그대로 들어맞는 것이 보이는가. 어떤가.

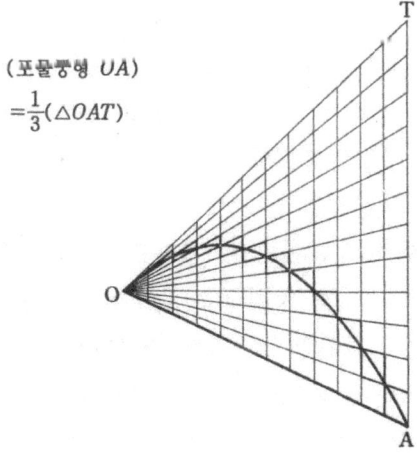

(포물궁형 UA)
$= \frac{1}{3}(\triangle OAT)$

아르키메데스 선생의 교훈(1)

아르키메데스 선생은 포물궁형이 마치 세로의 선분으로부터 구성되어 있는 것처럼 생각하고 지레의 원리를 사용해서 넓이의 공식을 발견하였다.

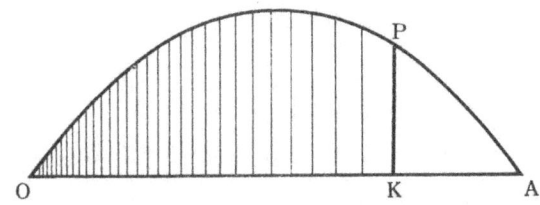

원래 선분에는 폭이 없기 때문에 넓이는 없다. 그것을 아무리 모아도, 즉

$$0+0+0+0+\cdots\cdots$$

을 아무리 계속해도 0이 아닌가. 어째서 0이 아니고 '3분의 몇인가'로 되는 것일까. 여기가 하나의 포인트이다.

하기야 선분 PK라 하여 연필로 선을 그어 버리면 아무리 가늘어도 폭은 있다. 포물궁형을 세로의 선으로 빈틈없이 칠할 수 있다. 어느쪽이 정말인가.

여기서도 '넓이란 무엇인가'가 문제로 되는 셈이다. 그러나 아르키메데스는 포물궁형이 세로의 선분으로부터 구성되어 있는 것으로 보고 그 넓이의 공식을 추정하고 그리고 톱니형 도형으로 끼워 넣어서 그것을 증명해 버린 것이다.

'넓이가 선분으로부터 구성된다'라는 사고방식은 유클리드

선생의 사고, 즉

　점이란　위치만 있고 크기가 없는 것
　선이란　길이만 있고 폭이 없는 것
　면이란　넓이만 있고 두께가 없는 것

이라고 하는 이상화(理想化)된 점, 선, 면의 사고와는 대립되는 것이다. 이에 반해서

　점이 모여　선을 이루고
　선이 모여　면을 이루며
　면이 모여　체(體)를 이룬다.

라고 하는 것이 적분의 사고방식이다.
　문제는 어떻게 해서 이것을 정당화하는가라는 것에 있다.
　평면도형이 선분으로부터 구성되어 있다고 보는 아르키메데스 선생의 사고방식은 17세기가 돼서 카발리에리의 원리로서 구체화되었다. 카발리에리는 17세기 전반의 이탈리아의 수학자이고 갈릴레이 선생의 문하생이었다 한다.
　카발리에리의 원리란 다음과 같은 것이다.

평면도형에 대해서 : 2개의 평면도형을 일정방향의 직선으로 잘랐을 때 절단면의 길이가 항상 똑같으면 2개의 평면도형의 넓이는 똑같다.
입체도형에 대해서 : 2개의 입체도형을 일정방향의 평면으로 잘랐을 때 절단면의 넓이가 항상 똑같으면 2개의 입체도형의 부피는 똑같다.

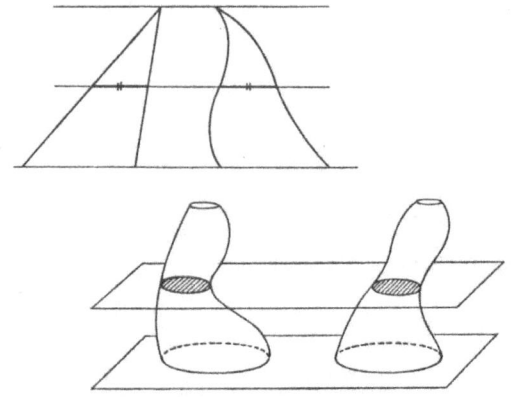

'선이 모여 면을 이루고', '면이 모여 체를 이룬다'는 것을 분명히 언급한 것이라고 할 수 있을 것이다.

평면도형의 넓이에 대해서 절단면의 길이가 항상

'똑같다'라는 가정이 '$m:n$'

이라면 2개의 평면도형의 넓이도

$m:n$

이 된다.

입체도형의 부피에 대해서도

절단면의 넓이가 항상 $m:n$ 이라면 부피도 $m:n$

이 된다.

그러나 또 다시 헷갈리게 하는 것이 될지 모르지만 위의 명

제는 '이라면' 명제이다. 즉 각각 절단면과 도형에 대해서

    길이가 똑같다 이라면 넓이가 똑같다.
    넓이가 똑같다 이라면 부피가 똑같다.

라고 말하고 있는 것뿐이다. '부피란 무엇인가', '넓이란 무엇인가' 거듭 '길이란 무엇인가'에 답하고 있는 것은 아니고 '길이와 넓이', '넓이와 부피'와의 관계를 상대적으로 파악하고 있는 것이다(당신이 누구인가, 내가 무엇인가는 아니고 당신은 나의 책의 독자의 한 사람이다라는 파악방법이다).

  이야기가 약간 까다롭게 되었지만 아무튼 '카발리에리의 원리'를 하나 사용해 보자. 구의 부피에 관한 것으로 아르키메데스 선생도 이 원리로 마찬가지 결과를 내고 있다.
  반지름 r인 반구와, 같은 반지름 r인 원을 밑면으로 하고, 높이가 r인 직원기둥을 생각한다. 그리고 직원기둥에서 밑반지름 r, 높이 r인 직원뿔을 거꾸로 도려내서 만들이지는 절구형의 입체를 생각한다.

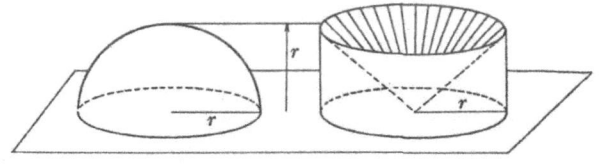

  반구와 절구형 입체의 부피가 똑같다는 것을 카발리에리의 원리를 사용해서 나타내어 보이자. 이를 위해서는 밑면과 평행인 평면에 의한 절단면의 넓이가 똑같다는 것을 나타내어 보

이면 되는 것이다. 반구 쪽의 절단면은 원, 절구형 입체 쪽은 원고리가 된다. S군에게 계산을 부탁하자. S군 어서!

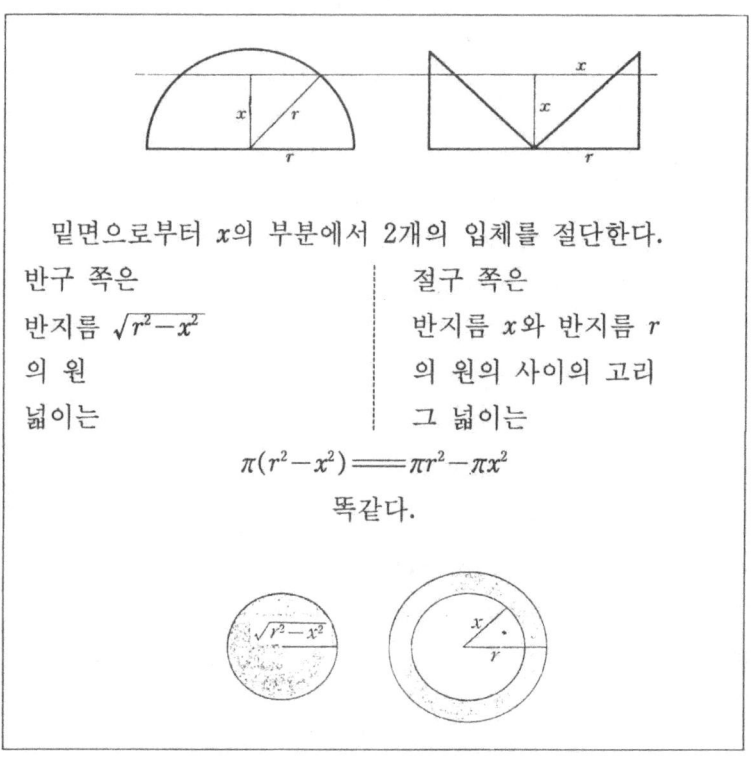

밑면으로부터 x의 부분에서 2개의 입체를 절단한다.

반구 쪽은
반지름 $\sqrt{r^2-x^2}$
의 원
넓이는

절구 쪽은
반지름 x와 반지름 r
의 원의 사이의 고리
그 넓이는

$$\pi(r^2-x^2) = \pi r^2 - \pi x^2$$

똑같다.

따라서

　　　　(반구의 부피)＝(절구형 입체의 부피)

그런데 절구형 입체의 부피는

　　　　(원기둥의 부피)－(원뿔의 부피)

제1화 넓이에서 정적분으로 49

$$=\pi r^2 \times r - \frac{1}{3}\pi r^2 \times r = \frac{2}{3}\pi r^3$$

따라서 반지름 r 인 구의 부피는 $\frac{4}{3}\pi r^3$ 이다.

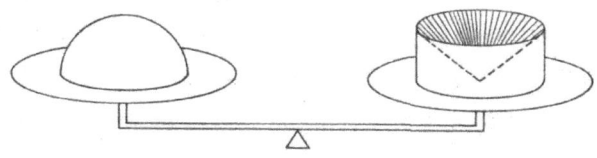

〈길이와 넓이〉, 〈넓이와 부피〉, 각각의 개념의 상대적 파악이라는 사고방식은 앞에서 에우독소스의 '다 써버리는 방법'의 부분에서 언급한 사고방식에도 통한다. 즉 원의 넓이와 내접 정다각형의 넓이와의 상호관계로부터 원의 넓이와 원의 반지름의 제곱과의 관계를 발견한 부분이다. '넓이란 무엇인가' 그것은 차치하더라도 여러 가지 고찰로부터 '그러하여야 하는 것'이라는 상대적 파악방법이 결정적 방법으로 되어 있다.

아르키메데스 선생의 교훈(2)

아르키메데스 선생은 지레의 원리를 사용해서 추정한 포물궁형의 넓이의 공식이 옳다는 것을 나타내어 보였다. 그때 포물궁형을 상하로부터 톱니형으로

(아래쪽 톱니형)⊂(포물궁형)⊂(위쪽 톱니형)

과 같이 끼웠던 것이다. 넓이로 말하면

$$A_n < M < B_n$$

이 된다. 게다가

$$B_n - A_n = \frac{1}{n}N$$

이였다. 즉 위쪽, 아래쪽 톱니형의 넓이의 차 $B_n - A_n$은 n과 함께 얼마든지 작게 잡을 수 있었다. 여기서 n은 톱니형을 만드는 데에 궁형의 현을 n등분한 그 n이다.

또 원의 넓이를 생각할 때 원을 안으로부터 밖으로부터

(내접 정n각형)⊂(원)⊂(외접 정n각형)

처럼 끼워 넣어 π의 값을 평가하는 것도 보아왔다. 여기서도 넓이에 대해서

$$A_n < M < B_n$$

이라는 관계(같은 기호를 사용했다)가 있고 게다가 다 써버리는 방법의 부분에서 생각한 것으로부터도 추측할 수 있는 것처럼 외접, 내접 정n각형의 넓이의 차 $B_n - A_n$은 n과 함께 얼마든지 작게 잡을 수 있다.

조금 더 상세히 언급하면 포물궁형이든 원이든 넓이가 미지인 도형의 넓이를 결정하는 데에 넓이를 알고 있는 톱니형 도형이나 정다각형으로 그 도형을 끼워 넣어가는 것이다.

$$A_1 < A_2 < \cdots\cdots < A_n < \cdots\cdots < (?) < \cdots\cdots$$
$$\cdots\cdots < B_n < \cdots\cdots < B_2 < B_1$$

더구나 $B_n - A_n$은 n과 함께 얼마든지 작아지는 것이 중요하다.

에우독소스의 '다 써버리는 방법'이 도형의 내측으로부터 다 써버려져 가거나 또는 짜내어져 가는 것에 반해서 양측으로부

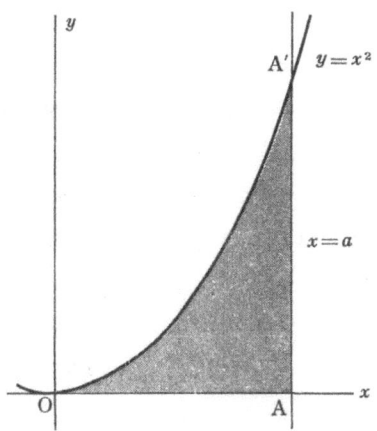

터 끼워 넣어 가는 것으로 이 방법을 아르키메데스의

끼워 넣기의 방법(Method of Compression)

이라 한다.

현대의 일류의 수학자로 듀돈네라는 프랑스의 학자가 있는데 그는 그의 저서 『무한소해석(無限小解析)』의 서문에

Majorer Minorer Approcher

라는 캐치 프레이즈를 적고 있다.

크게 어림잡아라, 작게 어림잡아라, 접근시켜라!

라도 되는 것일까. 이것은 해석학, 미분·적분의 기치(旗幟)이다. 아르키메데스 선생의 끼워 넣기의 방법은 틀림없이 이것을 앞장서서 가는 것이라 할 수 있을 것이다. 이 방법으로 위의 도형의 넓이를 구하여 보자.

또 포물선이지만 이번에는 좌표를 사용해서 포물선 $y=x^2$과 직선 $x=a$ 및 x축이 에워싸는 도형 OAA'를 생각한다. 이 도형을 위로부터 아래로부터 끼워 넣으려고 하는 것이다. 톱니형보다 간단한 직사각형의 도형을 사용한다. 선분 OA를 등분하여 세로의 선을 그어 직사각형을 만든다. 포물선을 끼고 계단형의 정사각형의 열이 만들어진다. 이것을 S군에게 계산을 부탁하자.

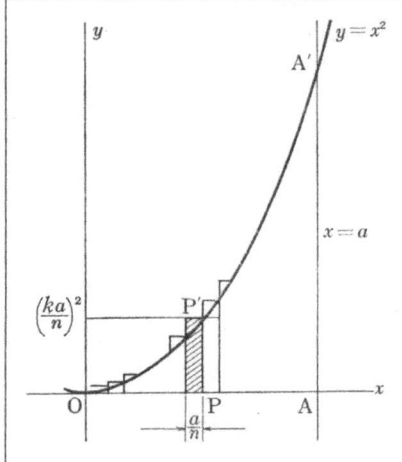

선분 OA를 n등분한다.
O에서 k번째에 대해서

$$OP = \frac{ka}{n}, PP' = \left(\frac{ka}{n}\right)^2$$

위쪽 직사각형의 k번째의 넓이는

$$\left(\frac{ka}{n}\right)^2 \times \frac{a}{n} = k^2\left(\frac{a}{n}\right)^3$$

따라서 위쪽 직사각형의 넓이의 총합은

$$(1^2+2^2+\cdots\cdots+n^2)\left(\frac{a}{n}\right)^3$$

아래쪽 직사각형에 대해서는

$$(1^2+2^2+\cdots+(n-1)^2)\left(\frac{a}{n}\right)^3$$

이 된다.

제1화 넓이에서 정적분으로 53

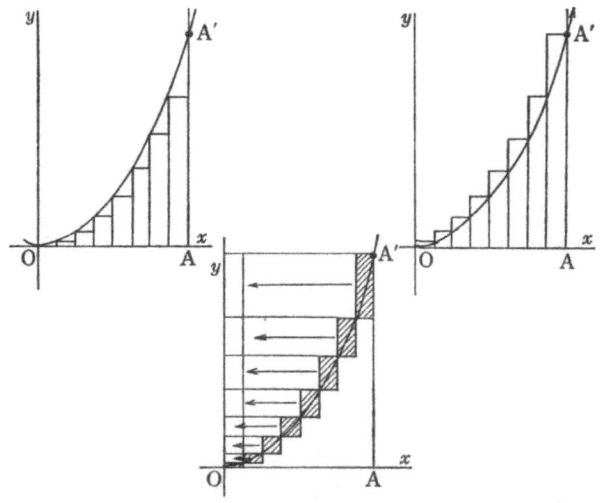

S군에게 계산을 시킨 것처럼 도형 OAA'의 넓이는 크게 어림잡아서

$$B_n = (1^2 + 2^2 + \cdots\cdots + n^2)\left(\frac{a}{n}\right)^3$$

작게 어림잡아서

$$A_n = (1^2 + 2^2 + \cdots\cdots + (n-1)^2)\left(\frac{a}{n}\right)^3$$

이다. 어럽쇼, 또 $1^2 + 2^2 + \cdots\cdots$ 제곱수의 합이 나왔네. 게다가 위쪽과 아래쪽의 넓이의 차는

$$B_n - A_n = n^2 \times \left(\frac{a}{n}\right)^3 = \frac{a^3}{n}$$

n과 함께 얼마든지 작아진다!
이제부터 앞은 전과 동일하다. 그렇다.

$$1^2+2^2+\cdots\cdots+(n-1)^2<\frac{n^3}{3}<1^2+2^2+\cdots\cdots+n^2$$

이라는 부등식이 있었다(40페이지 참조). 도형 OAA' 의 넓이는

$$\frac{a^3}{3}$$

이 된다.

여기서 n을 크게 하면 위쪽이든 아래쪽이든 직사각형의 폭은 자꾸만 좁아진다. 물론 직사각형의 개수도 많아진다. 그러나 어떠한 n에 대해서도 $\frac{a^3}{3}$을 위로부터 아래로부터 끼고 있는 것이다.

n이 끝없이 커지면
 직사각형은 차츰 좁아져서 선분에 접근해감과 동시에
 직사각형의 개수는 자꾸만 자꾸만 증가하고
 직사각형 도형의 넓이는 위로부터도 아래로부터도 $\frac{a^3}{3}$으로 접근해간다.

궁극적으로 도형 OAA'가 세로의 선분으로부터 구성되어 있다고 볼 수 있다. 아니 세로의 선분으로부터 구성되어 있다고 생각하는 것에 대한 해석설명이 여기에 있는 것이다.

위로부터, 아래로부터 협공하라! 라는 사고방식이 넓이 계산, 적분의 캐치 프레이즈이다.

제1화 넓이에서 정적분으로 55

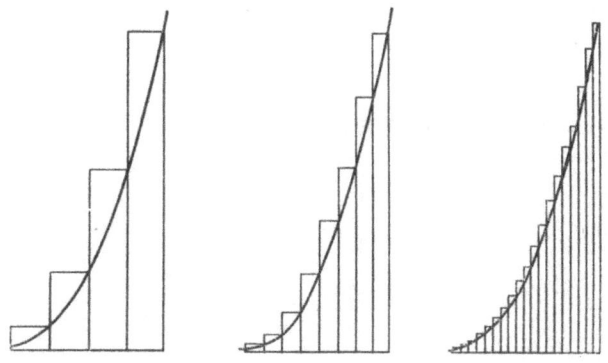

아르키메데스 선생의 교훈(3)

아르키메데스 선생은 포물궁형의 넓이의 공식을 증명할 때 3개의 관계식

$$A_n < M < B_n$$
$$A_n < \frac{N}{3} < B_n$$
$$B_n - A_n = \frac{1}{n}N$$

으로부터 $M = \frac{N}{3}$ 임을 '배리법'을 사용해서 나타내어 보였다.
이때

《$M > \frac{N}{3}$, 즉 $M - \frac{N}{3} > 0$ 이라 하라!

그러면 $N < n\left(M - \frac{N}{3}\right)$ 이 되는 자연수 n 이 있다!》

라고 논하여 모순을 유도하였다.
위의 《 》안을 정리하면 다음과 같이 된다.

> $a>0, Z>0$일 때
> $$Z<na$$
> 가 되는 자연수 n이 존재한다.

이 명제의 느낌은 다음과 같다.

> a가 아무리 작아도 그리고
> Z가 아무리 커도
> a를 2배, 3배, 4배, 5배……로 해가면
> 마침내는 Z를 넘어 버린다.

 이것은 현대수학에 있어서 수의 이론 중에서 중요한 성질의 하나이고 아르키메데스의 원칙 또는 아르키메데스의 공리라 일컬어지는 것이다(부력에 대한 아르키메데스의 원리와는 다르다. 다짐을 하기 위하여)
 '어떻게 해서 이 명제가 옳다는 것을 증명하는가'라고 하면 난처해진다. 직관적, 경험적으로는 자명한 일이라 해도 될 것이다. 명명백백한 사항이기 때문에 아르키메데스 선생도 자명한 것으로 하여 이것을 사용한 것이겠지만 오늘날에는 아르키메데스의 공리라 일컬어지고 있는 까닭이기도 하다.
 주석을 붙이면 '1, 2, 3, ……, n, ……이라는 자연수와 a, Z라는 양의 수는 이러저러한 성질을 갖고 있는 것이다'라는 것을 용인하는 것이다. 납득이 가지 않는 분들은 수의 이론이 수학적으로 어떻게 해서 구성되어 가는가라는 것부터 다시 생각하는 수밖에 없을 것이다. 여기서는 이 사실을 인정하기로 하자. 수학적인 이론의 공리적 구성은 이러한 명명백백한 사항의 정식화(定式化)에 의해서 조립되어 가는 것이다.

이 '아르키메데스 선생의 원칙'은 여러 가지의 것을 가르쳐 준다.

우선 첫째는 이것은 '측정의 원리'를 보여주고 있다.

양의 수 a와 Z에 대해서 a의 몇 배인가를 하면 Z를 넘는다는 것이다. a의 $n-1$배에서는 아직 Z에 미치지 않지만 n배가 되면 Z를 넘는다는 것이다. 즉

$$(n-1)a \leq Z < na$$

라는 자연수 n이 있는 것이다.

a를 단위로 하면 Z는 $n-1$과 n의 사이에 있는 것이다. 단위 a를 작게 잡아도 또 같은 것을 말할 수 있다. 즉 Z가 폭 a의 사이에 끼워 넣어지는 것을 보여주고 있다.

다음으로 아르키메데스 선생의 원칙의 부등식 $Z<na$는

$$\frac{1}{n}Z < a$$

와 같다는 것을 나타내고 있다.

이번에는 이것을

  Z가 아무리 커도
  a가 아무리 작아도

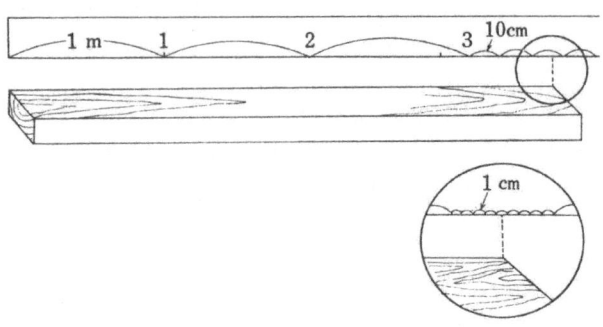

Z를 2분의 1, 3분의 1, 4분의 1……로 해가면 마침내는 Z보다 작아져 버린다.

라고 읽을 수 있다. 즉 Z를 단위로 하면 어떠한 미소한 양 a도 Z로 측정할 수 있음을 의미하고 있다.

아르키메데스 선생의 원칙을 요즘 식으로 적으면

$$\lim_{n \to \infty} na = +\infty, \quad \lim_{n \to \infty} \frac{Z}{n} = 0$$

이라는 것을 말하고 있는 것이다. 아니 오히려 위의 극한의 의미를 설명하고 있는 것이다.

하나의 극한의 공식에 응용해 보자. 그것은

$$\lim_{n \to \infty} \sqrt[n]{3} = 1$$

이라는 등식이다.

'√키(key)'가 있는 전자식 탁상계산기에 3을 입력시키고 '√키'를 계속 두들기면 끝자리가 잘라져 버리기 때문에 몇

```
┌─────────────────────────────────────────────┐
│   3 을 입력시켜라      √  키를 계속 두들겨라 │
│  1. 732050808       1. 000002095            │
│  1. 316074013       1. 000001047            │
│  1. 14720269        1. 000000523            │
│  1. 071075483       1. 000000261            │
│  1. 034927767       1. 00000013             │
│  1. 017313995       1. 000000065            │
│  1. 008619847       1. 000000032            │
│  1. 004300676       1. 000000016            │
│  1. 002148031       1. 000000008            │
│  1. 001073439       1. 000000004            │
│  1. 000536576       1. 000000002            │
│  1. 000268252       1. 000000001            │
│  1. 000134117       1.                      │
│  1. 000067056                               │
│  1. 000033527                               │
│  1. 000016763                               │
│  1. 000008381                               │
│  1. 00000419                                │
└─────────────────────────────────────────────┘
```

번인가 두들긴 다음에는 1이 돼버린다. 이것은 3의 제곱근, 4 제곱근, 8제곱근, 16제곱근……으로 건너 뛰어 위의 등식을 검증한 것이다.

엄밀히 소사해 보면 먼저

$$3 > \sqrt{3} > \sqrt[3]{3} > \sqrt[4]{3} > \cdots\cdots$$

으로 감소를 하고 있고 그리고

$$\sqrt[n]{3} > 1$$

이다.

항상 감소하면서 1보다 작아지지는 않기 때문에 어딘가에 귀착될 것이다. 그 귀착되는 값을 a라 하자.

$\sqrt[n]{3} > a$에서 $\sqrt[n]{3} \longrightarrow a$

a는 아무튼 1보다 작지는 않을($a \geq 1$) 것이다. 그래서 아르키메데스 선생의 등장이다.

《$a > 1$, 즉 $a - 1 > 0$이라 가정하라!
$$n(a-1) > 2(=3-1) \qquad (1)$$
이 되는 n이 있다.
$$\sqrt[n]{3} = \sqrt[n]{1+2} < 1 + \frac{2}{n} \qquad (*)$$
그런데 (1)로부터
$$\frac{2}{n} < a - 1$$
이므로
$$\sqrt[n]{3} < 1 + (a-1) = a$$
이것은 $\sqrt[n]{3} > a$와 모순된다.
그러므로 $a = 1$이 아니면 안된다.》

위의 논의를 주의깊게 조사하면

$\sqrt[n]{3} > 1 (n = 1, 2, 3, \cdots\cdots)$이기는 하지만 $a > 1$이라면 $a > \sqrt[n]{3}$이 되는 n이 존재한다.

라는 것을 추론하고 있는 것이다. 이것이 실은
$$\lim_{n \to \infty} \sqrt[n]{3} = 1$$
의 의미이다.

또 위의 추론에서 $\sqrt[n]{3}$의 3은 본질적인 것은 아니다. $\sqrt[n]{2}$로도 $\sqrt[n]{1982}$로도 마찬가지로 논의를 추진할 수 있다.

일반적으로 다음의 것이 성립한다.

> $a > 1$일 때 $\sqrt[n]{a}$는 단조롭게 감소하여 1로 수렴한다.
> $$\lim_{n \to \infty} \sqrt[n]{a} = 1$$

또한 위에서 사용한 부등식(*), 즉

$$\sqrt[n]{3} < 1 + \frac{2}{n}$$

는 양변을 n제곱하면 알 수 있을 것으로 생각한다. 부록의 '부등식'의 부분도 참조하기 바란다. 실은 빙산의 일각이다.

넓이란 무엇일까?

직선이나 곡선으로 에워싸인 도형을 F라 한다. 도형 F의 넓이를 $a(F)$로 나타내기로 한다. a 오브 F(area of F)라 읽는다. 도형 F에 그 넓이라는 음이 아닌 수 $a(F)$를 대응시키는 것이다. 도형의 넓이로서 용인할 수 있는 몇 개의 성질을 들어두자.

먼저 단위를 정하자.
1° 도형 F가 단위정사각형일 때 $a(F) = 1$이라 한다. 이것은 넓이의 출발점이다.
2° 2개의 도형 F_1, F_2가 도형으로서 합동이면 넓이는 똑같다.
    $F_1 \equiv F_2$이면 $a(F_1) = a(F_2)$
3° 도형 F가 2개의 도형 F_1, F_2로 분할되어 있을 때 또는 2

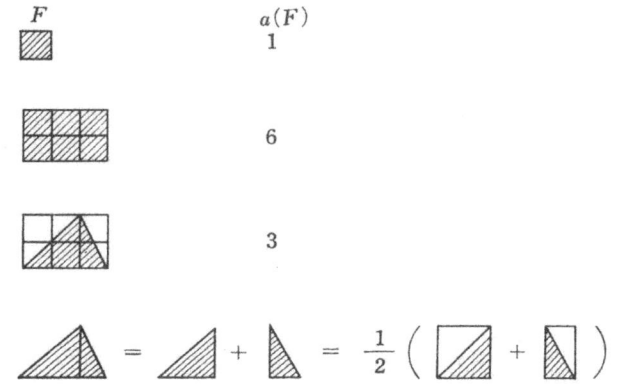

개의 도형 F_1, F_2를 겹치지 않도록 붙여서 도형 F가 될 때
$$a(F)=a(F_1)+a(F_2)$$
이 성질을 넓이의 가법성(加法性)이라 한다.

위의 그림에서 1°~3°이 어떻게 작용하고 있는지 생각해 보기 바란다. 2°, 3°는 이른바 '이라면' 진술이고 도형 F의 넓이 $a(F)$가 결정되는 것으로서의 이야기다.

그러나 이것들을 사용해서

2변이 m, n인 직사각형의 넓이는	mn
1변이 $\dfrac{1}{n}$인 정사각형의 넓이는	$\dfrac{1}{n^2}$
2변이 $\dfrac{m}{n}$, $\dfrac{m'}{n'}$인 직사각형의 넓이는	$\dfrac{m}{n}\dfrac{m'}{n'}$

임을 알 수 있다. 여기까지는 어림셈을 세는 개수의 처리문제에 불과하다.

그러면 넓이의 가법성으로부터 유도되는 것인데 도형과 포

제1화 넓이에서 정적분으로 63

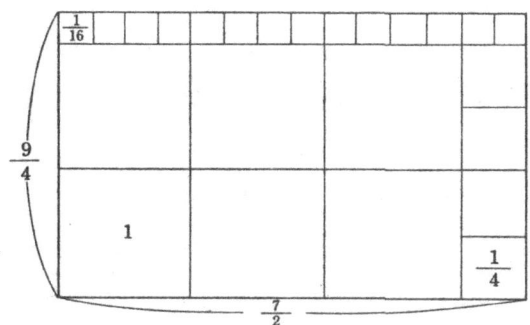

함관계와 넓이의 대소에 대해서:
4° 2개의 도형 F_1, F_2가 도형으로서 F_1이 F_2를 포함한다면 $a(F_1)$
은 $a(F_2)$보다 크다.

$F_2 \subset F_1$이면 $a(F_2) \leq a(F_1)$

여기까지는 당연한 것을 언급해 온 셈인데 마침내 핵심에 다가가자. 다시 한 번 캐치 프레이즈

안으로부터 밖으로부터 끼워 넣어라 접근시켜라!

를 머리 속에 상기시키기 바란다.

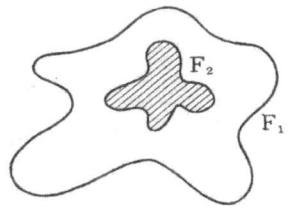

5° 도형 F에 대해서 2조의 도형의 열 $\{A_n\}$, $\{B_n\}$이 있고

$$A_1 \subset A_2 \subset \cdots\cdots \subset A_n \subset \cdots\cdots \subset F \subset \cdots\cdots$$
$$\cdots\cdots \subset B_n \subset \cdots\cdots \subset B_2 \subset B_1$$

으로 도형 F를 끼고 있다고 한다. 이때 n번째의 도형 B_n, A_n의 넓이의 차

$$a(B_n) - a(A_n)$$

이 n과 함께 얼마든지 작아진다면 도형 F의 넓이 $a(F)$는 결정된다. 그 값은 수열 $\{a(A_n)\}$, $\{a(B_n)\}$의 극한의 값이다.

$$\lim_{n \to \infty}(a(B_n) - a(A_n)) = 0 \text{이라면}$$
$$a(F) = \lim_{n \to \infty} a(A_n) = \lim_{n \to \infty} a(B_n)$$

이것은 넓이를 알 수 없는 도형 F를 넓이를 이미 아는 도형 A_n, B_n으로 안으로부터 밖으로부터 협공하여 도형 F의 넓이를 결정하는 것을 언급한 것으로 이것이야말로 다름 아닌 '끼워 넣기의 원리' 바로 그것이다.

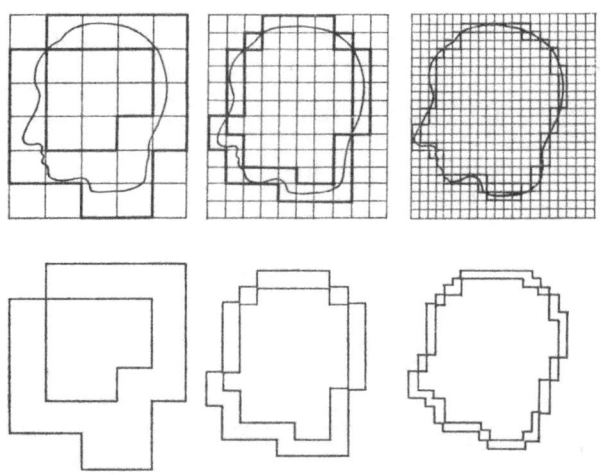

도형 F를 협공하는 도형의 열 $\{A_n\}$, $\{B_n\}$을 잡는 방법은 여러 가지 있다. 이제까지도 톱니형 도형, 정다각형, 직사각형 도형 등 여러 가지를 보아 왔다. 도형 F의 특수한 형태에 의한 것이지만 끼워 넣기의 상황을 일반적으로 보는 데에는 모눈이 좋을 것이다.

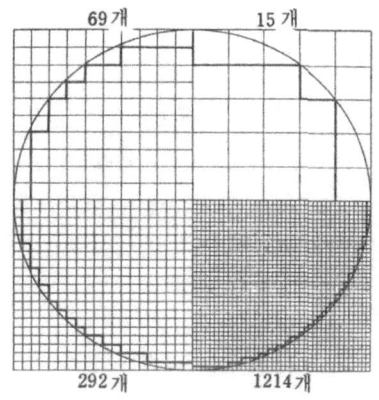

단위정사각형으로부터 이루어지는 모눈에서 시작하여 보눈의 눈을 절반, 절반으로 차츰 잘게 해가는 것이다. 외측, 내측의 도형으로서의 어긋남은 도형 F의 윤곽과 겹쳐 있는 작은 정사각형의 집합으로 되어 있다.

성질 5°를 만족하는 것 같은 도형 F, 즉 넓이를 이미 아는 도형의 열로 안으로부터 밖으로부터 끼워 넣을 수 있는 것 같은 도형 F에 대해서는 넓이가 결정된다. 여기까지 언급해 온 것은 평면도형 F에 대한 것이지만 입체도형 F의 부피에 대해서도 위에서 언급한 $a(F)$를 $v(F)$(volume of F)로 바꿔 놓아도 그대로 성립한다.

과연 넓이는 확정되는가

도형 F의 넓이를 이미 넓이를 아는 도형의 열로

$$A_1 \subset A_2 \subset \cdots \subset A_n \subset \cdots \subset F \subset \cdots$$
$$\cdots \subset B_n \subset \cdots \subset B_2 \subset B_1$$

과 같이 끼워 넣으면 넓이에 대해서는

아래로부터는 $a(A_1) \leq a(A_2) \leq \cdots \leq a(A_n) \leq \cdots$
위로부터는 $a(B_1) \geq a(B_2) \geq \cdots \geq a(B_n) \geq \cdots$
그리고 $a(A_n) \leq a(F) \leq a(B_n)$
거듭 $a(B_n) - a(A_n)$은 n과 함께 얼마든지 작아진다

로 되는 것이었다.

포물궁형이나 $y=x^2$이 만드는 도형의 경우는 목표인 $a(F)$가 미리 추정되어 있었다.

원의 경우는 목표는 π이지만 오히려 이 끼워 넣기의 방법으로 π의 값을 결정하여 가려고 하고 있는 것이라고 말하는 편이 좋을 것이다.

도형 F를 끼워 넣을 때 넓이로 바꿔 놓아 버리면 시각적으로 파악할 수 있는 도형의 문제가 아니고 $\{a(A_n)\}$, $\{a(B_n)\}$이라고 하는 수의 열의 문제가 되어 버린다.

수의 문제로서 보기 쉽게 하기 위하여

$$a(A_n) = a_n, \ a(B_n) = b_n$$

이라 바꿔 놓으면 지금 우리들이 당면하고 있는 정황은 다음

과 같이 된다.

2개의 수열 $\{a_n\}$, $\{b_n\}$이 주어지고

$\{a_n\}$은 단조로운 증가 : $a_1 \leq a_2 \leq \cdots\cdots \leq a_n \leq \cdots\cdots$

$\{b_n\}$은 단조로운 감소 : $b_1 \geq b_2 \geq \cdots\cdots \geq b_n \geq \cdots\cdots$

그리고 $a_n \leq b_n$

게다가 $b_n - a_n$은 n과 함께 얼마든지 작아진다.

이것을 수(數)직선 상에서 나타내 보자. a_n, b_n을 끝점으로 하는 구간 $I_n = [a_n, b_n]$을 생각한다. 위의 조건은 구간이 n과 함께 좁아지고 그 폭은 n과 함께 얼마든지 작아지는 것이다.

$I_1 \supset I_2 \supset \cdots\cdots \supset I_n \supset \cdots\cdots$

(I_n의 폭) $\longrightarrow 0$

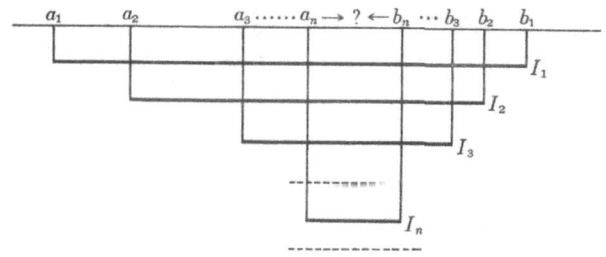

이 때 어느 구간에도 공통인 수, 어느 n에 대해서도 $a_n \leq \square \leq b_n$이 되는 수가 있는 것일까. 그 수가 도형 F의 넓이를 주게 되는 것인데 이것은 순수한 수의 이론의 문제이다. 즉

$\left.\begin{array}{l} I_1 \supset I_2 \supset \cdots\cdots \supset I_n \supset \cdots\cdots \\ (I_n \text{의 폭}) \longrightarrow 0 \end{array}\right\}$ 이라면

모든 I_n에 공통인 수가 단지 하나 있다.

라고 하는 것은 '실수의 연속성'이라고 일컬어지는 중요한 성

질의 하나의 표현이고 축소구간열의 원리라고 한다. 유클리드의 원론에 서술되어 있는 양(量)의 이론도 이 원리와 같은 사고방식에 기초를 두고 있다.

축소구간열의 원리에 의거해서 '끼워 넣기의 방법'으로 넓이가 결정되는 것이다.

앞에서 아르키메데스 선생의 원칙이 '측정의 원리'라는 것을 이야기하였다.

한 변이 1인 정사각형의 대각선은 $\sqrt{2}$ 인데 이 수치를 어떻게 해서 파악하는가 하면 다음과 같다.

단위 1로서   1 $<\sqrt{2}<2$
단위 0.1로서   1.4 $<\sqrt{2}<1.5$
단위 0.01로서   1.41 $<\sqrt{2}<1.42$
단위 0.001로서   1.414 $<\sqrt{2}<1.415$

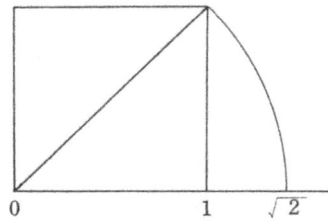

구간   [1,   2]
구간   [1.4,   1.5]
구간   [1.41,   1.42]
구간   [1.414,   1.415]

$\sqrt{2}$ 도 축소해 가는 구간의 열로 파악되고 있는 것이다.

도형 F의 넓이 $a(F)$의 성질을 언급한 다음에 단위정사각형으로부터 이루어지는 모눈으로부터 시작하여 모눈의 눈을 잘게 하여 끼워 넣어 가는 이야기를 하였다. 이미 알아차린 분도 있을 것으로 생각하는데 두 변이 $\sqrt{2}$, $\sqrt{3}$ 과 같은 직사각형 F

의 넓이는 모눈의 눈을 잘게 하여도, 한 변이 0.1, 0.01, 0.001, ……의 모눈을 고려해도 말끔히 파악할 수는 없다. 여기서도 끼워 넣기, 축소구간열의 원리가 필요해진다.

맨 처음에 직사각형의 넓이는 (세로)×(가로) 등이라고 모르는 체하고 언급하였는데 거기서도 극한의 사고가 관여하고 있는 것이다. 선분의 길이일지라도 단위를 정해서 측정할 때는 마찬가지다. 정리를 하면

도형 F의 넓이는 F를 넓이를 이미 아는 도형의 열 $\{A_n\}$, $\{B_n\}$으로 끼워 넣어
$$A_n \subset F \subset B_n,\ a(B_n)-a(A_n) \longrightarrow 0$$
이라면 확정된다.

가 된다.

축소구간열에 의해서 하나의 수를 결정하는 중요한 예를 언급해 두자. 자연로그의 밑인 e라는 수를 결정하는 구간열이다.

$$a_n = \left(1+\frac{1}{n}\right)^n,\ b_n = \left(1+\frac{1}{n}\right)^{n+1} \text{이라 둔다.}$$
$$b_n = \left(1+\frac{1}{n}\right)a_n \text{이므로}$$
$$a_n < b_n$$

인 것은 바로 알 수 있다.

$\{a_n\}$이 단조로운 증가, $\{B_n\}$이 단조로운 감소라는 것은 부록 '부등식'의 3°의 부분을 참조하기 바란다. 이것을 인정하면

$$a_n < b_n < b_1 = (1+1)^2 = 4$$

$$b_n - a_n = \frac{1}{n} a_n$$

이므로

$$b_n - a_n = \frac{1}{n} a_n < \frac{4}{n}$$

가 된다. $b_n - a_n$은 n과 함께 얼마든지 작아진다.

따라서 $[a_n, b_n]$은 축소구간열이다. 하나의 수를 결정한다. 이것으로부터 결정되는 수가 e이다. e의 근사값은 $e \fallingdotseq 2.71828 \cdots\cdots$ 이다.

넓이의 계산예

곡선 $y=x^r$과 직선 $x=a$ 및 x축이 에워싸는 도형의 넓이를 구해 보자. 여기서 r은 양의 유리수로 한다. $r=2$일 때는 이미 51페이지에서 구하였다. 곡선 $y=x^r$은 r이 1보다 큰지, 작은지로 상황이 다르다(다음 페이지의 그림). 계산이 귀찮은 분은 이 넓이가

$$\frac{1}{r+1} a^{r+1} \qquad (*)$$

이 되는 것을 머리속에 넣어두기 바란다. 넓이를 구하는 방법은 위로부터, 아래로부터 '직사각형도형'에 의해서 끼는 것이라는 것을 다음의 그림을 흘끗 바라보기 바란다. 계산은 건너뛰어도 될 것이다.

$r=1$일 때는 3각형의 넓이이고 그것이

$$\frac{a^2}{2}$$

제1화 넓이에서 정적분으로 71

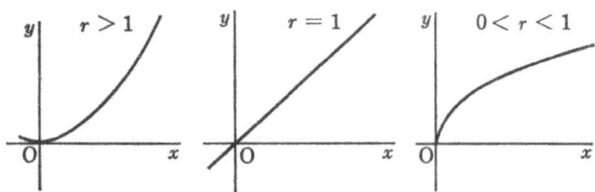

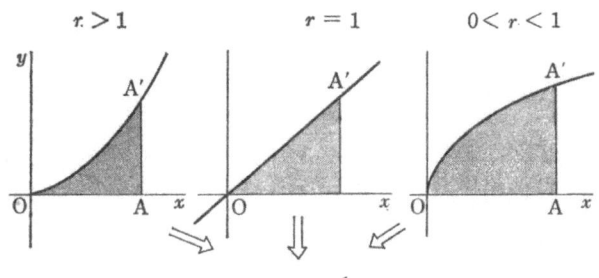

OAA' 의 넓이 $\frac{1}{r+1}a^{r+1}$

r은 2라도 3이라도 $\frac{3}{2}$이라도
1982/1981이라도 괜찮다.

r은 1/2이라도 1/3이라도 $\frac{2}{3}$라도
1981/1982라도 괜찮다.

이라는 것은 바로 알 수 있다. 이것은 (*)에서 $r=1$이라고 둔 경우와 맞고 있다.

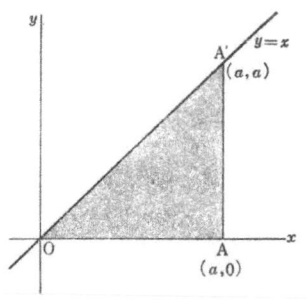

이하 r을 1이 아닌 양수라 한다. 선분 OA를 n등분하여 '직사각형 도형'을 만든다.

$r=2$, 즉 $y=x^2$일 때의 계산과 마찬가지로 $y=x^r$일 때도 선분 OA를 n등분 하여 직사각형 ┌ 영 을 만들면

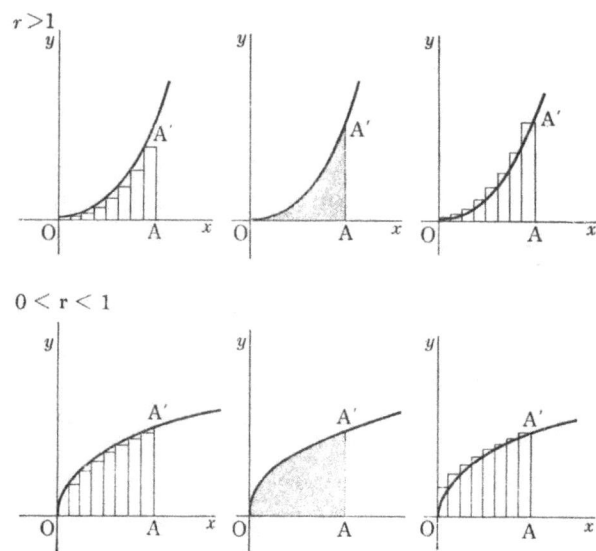

아래쪽 직사각형 도형의 넓이 A_n은

$$A_n = \left\{\left(\frac{a}{n}\right)^r + \left(\frac{2a}{n}\right)^r + \cdots\cdots + \left(\frac{(n-1)a}{n}\right)^r\right\} \times \frac{a}{n}$$
$$= (1^r + 2^r + \cdots\cdots + (n-1)^r)\left(\frac{a}{n}\right)^{r+1}$$

이 된다.

또한 위쪽 직사각형 도형의 넓이 B_n은

$$B_n = (1^r + 2^r + \cdots\cdots + n^r)\left(\frac{a}{n}\right)^{r+1}$$

이다. 위쪽, 아래쪽의 넓이의 차는

$$B_n - A_n = n^r \times \left(\frac{a}{n}\right)^{r+1} = \frac{a^{r+1}}{n}$$

이고 n과 함께 얼마든지 작아진다.

그런데 $r=2$인 경우와 마찬가지로 다음의 부등식이 성립한다.

$$1^r + 2^r + \cdots\cdots + (n-1)^r < \frac{n^{r+1}}{r+1} < 1^r + 2^r + \cdots\cdots + n^r$$

이 부등식을 사용하면 부등식

$$A_n < \frac{a^{r+1}}{r+1} < B_n$$

이 유도된다. 아래로부터, 위로부터 끼워 넣어져 있는 수가

$$\frac{a^{r+1}}{r+1}$$

이다. 이것이야말로 도형 OAA'의 넓이이다.

예컨대

$r=3$, $y=x^3$일 때는 $\dfrac{a^4}{4}$

$r=\dfrac{1}{2}$, $y=\sqrt{x}$일 때는 $\dfrac{a^{\frac{1}{2}+1}}{\frac{1}{2}+1} = \dfrac{2}{3}\sqrt{a^3}$

이다.

$r=3$, $r=\dfrac{1}{2}$일 때 $1^r, 2^r \cdots\cdots$의 합에 관한 부등식은 각각

$$1^3 + 2^3 + \cdots\cdots + (n-1)^3 < \frac{n^4}{4} < 1^3 + 2^3 + \cdots\cdots + n^3$$

$$\sqrt{1} + \sqrt{2} + \cdots\cdots + \sqrt{n-1} < \frac{2}{3}\sqrt{n^3}$$
$$< \sqrt{1} + \sqrt{2} + \cdots\cdots + \sqrt{n}$$

이다.

이 1^r, 2^r, ……의 합에 관한 부등식은 다음의 기본적인 부등식으로부터 유도할 수 있다.

---
p가 유리수이고 $p>1$일 때
$x>-1$이라면
$$(1+x)^p \geqq 1+px$$
여기서 $\geqq$의 등호는 $x=0$일 때만 성립한다.

이것은 매우 중요한 부등식이고 앞으로도 가끔 사용한다. 이 부등식의 증명은 부록의 '부등식'의 2°의 부분을 보기 바란다. 또 이 결과를 사용해서 1^r, 2^r, ……의 합에 관한 부등식을 유도하는 것도 부록의 4°를 보기 바란다.

$\sum$ -기호, 그것은 편리한 기호

곡선 $y=x^r$에 관한 넓이를 구했을 때 아래쪽 직사각형 도형의 넓이

$$A_n = \left\{ \left(\frac{a}{n}\right)^r + \left(\frac{2a}{n}\right)^r + \cdots\cdots + \left(\frac{(n-1)a}{n}\right)^r \right\} \times \frac{a}{n}$$

위쪽 직사각형 도형의 넓이

$$B_n = \left\{ \left(\frac{a}{n}\right)^r + \left(\frac{2a}{n}\right)^r + \cdots\cdots + \left(\frac{na}{n}\right)^r \right\} \times \frac{a}{n}$$

또는

$$1^r + 2^r + \cdots\cdots + (n-1)^r$$

$$1^r + 2^r + \cdots\cdots + n^r$$

등 $n-1$개 또는 n개의 수의 합이 몇 번이나 나왔다. n이 작을 때는 '$+\cdots\cdots+$'를 사용하지 않고 그 합을 다 적을 수 있으나 큰 n이나 일반의 n에서는 '$+\cdots\cdots+$'를 사용하지 않을 수 없다.

그래서 이러한 '합'을 통합해서 나타내는 기호 'Σ'를 도입하자.

$$1^2 + 2^2 + \cdots\cdots + n^2 \text{을} \sum_{k=1}^{n} k^2$$

$$\sqrt{1} + \sqrt{2} + \cdots\cdots + \sqrt{n-1} \text{을} \sum_{k=1}^{n-1} \sqrt{k}$$

로 나타내는 것이다.

$$\sum_{k=1}^{n} \boxed{k}$$

는 □ 안의 k를 1부터 n까지 바꿔서 더한 합을 나타내는 기호이다.

$$\Sigma \qquad \sum_{k=1} \qquad \sum_{k=1}^{n}$$
시그마 $k=1$부터 n까지

라 읽는다. 물론 $k=1$부터가 아니라도 된다. 예컨대

$$\sum_{k=5}^{10} k^2 = 5^2 + 6^2 + 7^2 + 8^2 + 9^2 + 10^2$$

이다.

이 기호를 사용하면 $y=x^r$에 대해서 아래쪽, 위쪽 직사각형 도형의 넓이는

$$A_n = \left\{\sum_{k=1}^{n-1}\left(\frac{ka}{n}\right)^r\right\} \times \frac{a}{n}, \ B_n = \left\{\sum_{k=1}^{n}\left(\frac{ka}{n}\right)^r\right\} \times \frac{a}{n}$$

라고 나타낼 수 있다.

또 거기서 사용한 부등식은

$$\sum_{k=1}^{n-1} k^r < \frac{n^{r+1}}{r+1} < \sum_{k=1}^{n} k^r$$

이 된다.

$$\sum_{k=1}^{n} k = \frac{n(n+1)}{2}$$
$$\sum_{k=1}^{n} k^2 = \frac{n(n+1)(2n+1)}{6}$$
$$(1+x)^n = \sum_{k=0}^{n} {}_nC_k x^k$$

등의 공식을 아는 분도 많을 것으로 생각한다.

정적분이란 무엇인가

곡선 $y=x^r$에 관해서 넓이를 구한 방법을 일반화하자.

곡선을 x의 함수 $y=f(x)$로 나타낼 수 있는 것으로 한다. 다만 $f(x)$는 증가함수이고 $f(x)>0$이라 한다.

$x=0$에서 $x=a$까지를 $x=a$에서 $x=b$까지로 한다.

$\begin{cases} y=x^r \\ [0, a] \end{cases}$를 일반화하여 $\begin{cases} y=f(x) \\ [a, b] \end{cases}$를 생각하는 것이다.

제1화 넓이에서 정적분으로 77

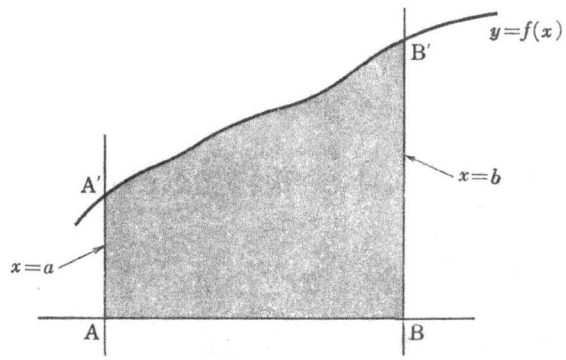

위의 그림에서 도형 $ABB'A'$ 의 넓이를 생각하자는 것이다.
선분 AB를 n등분하여 '직사각형 도형'을 만든다.
양끝을 포함하여 등분점을

$$x_0, x_1, \cdots\cdots x_n$$

이라 한다. $x_0=a$, $x_n=b$이다.
작은 구간의 폭은 어디나 $(b-a)/n$이지만 이것을 Δx로 나타내기로 한다.

$$x_k - x_{k-1} = \Delta x \left(= \frac{b-a}{n} \right)$$

그런데 아래쪽 직사각형의 넓이 A_n은

$$A_n = \{f(x_0) + f(x_1) + \cdots\cdots + f(x_{n-1})\} \Delta x$$

위쪽 직사각형의 넓이는

$$B_n = \{f(x_1) + f(x_2) + \cdots\cdots + f(x_{n-1})\} \Delta x$$

이다.

이것을 $\sum-$ 기호로 적으면

$$A_n = \left(\sum_{k=0}^{n-1} f(x_k)\right) \Delta x, \quad B_n = \left(\sum_{k=1}^{n} f(x_k)\right) \Delta x$$

이다. 양자의 차는

$$B_n - A_n = (f(x_n) - f(x_0)) \Delta x$$
$$= (f(b) - f(a)) \frac{b-a}{n}$$

이고 n과 함께 얼마든지 작아진다. 이리하여 A_n, B_n으로 끼워 넣어져 도형 $ABB'A'$의 넓이가 확정된다.

그 값은 분할을 잘게 할 때, 즉 n을 끝없이 크게 할 때의 A_n, B_n의 공통의 극한값이다.

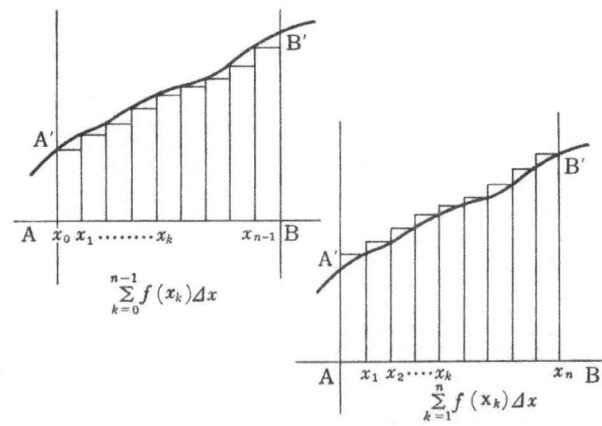

제1화 넓이에서 정적분으로 79

$$A_n \Rrightarrow \longrightarrow \odot \longleftarrow \lll B_n$$

$$\left(\sum_{k=0}^{n-1} f(x_k) \Delta x\right) \quad \left(\sum_{k=1}^{n} f(x_k) \Delta x\right)$$

위에서는 함수 $f(x)$가 증가하고 있는 경우를 생각한 것이지만 $f(x)$가 감소하고 있는 경우에도 마찬가지다.

아래의 그림에서 그 상황을 해독하기 바란다. 이번에는

$$B_n - A_n = (f(a) - f(b)) \frac{b-a}{n}$$

이다.

넓이가 확정되는 것을 확인하기 위해서 아래로부터 위로부터 A_n, B_n으로 끼워 넣은 것인데 그 값은 A_n 또는 B_n 어느 쪽인가 한쪽의 극한값으로서 결정된다.

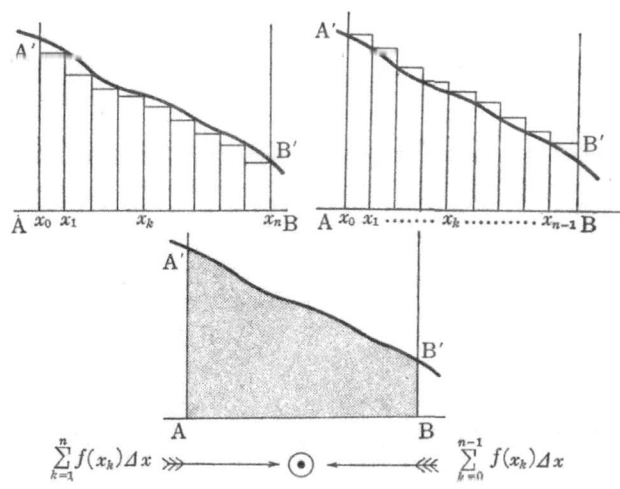

$$\sum_{k=1}^{n} f(x_k) \Delta x \Rrightarrow \longrightarrow \odot \longleftarrow \lll \sum_{k=0}^{n-1} f(x_k) \Delta x$$

x의 함수 $f(x)$가 증가하거나 감소하거나 하는 일반의 경우는 증가하고 있는 부분, 감소하고 있는 부분으로 나누어서 생각하면 되는 것이다.

$f(x)$의 그래프가 하나로 연결($f(x)$가 연속함수라는 것)된 경우에는 엄밀한 논의는 알맞은 적분학의 서적에 미루지만 다음의 것을 알 수 있다.

$f(x)$와 a, b가 주어졌다고 한다. a에서 b까지를 n등분하여 등분점을

$$x_0, x_1, \cdots\cdots, x_n$$

이라 한다($x_0 = a$, $x_n = b$).

$$\varDelta x = (b-a)/n$$

이라 둔다. 이때

$$S_n = \left(\sum_{k=0}^{n-1} f(x_k) \right) \varDelta x$$

는 $n \longrightarrow \infty$일 때 일정한 값으로 접근한다.

이 값을

$$\int_a^b f(x) dx$$

로 나타내고 $f(x)$의 a에서 b까지의 정적분이라 하고 a를 정적분의 하단, b를 그 상단이라 한다. 인테그랄(integral) a에서 b

제1화 넓이에서 정적분으로 81

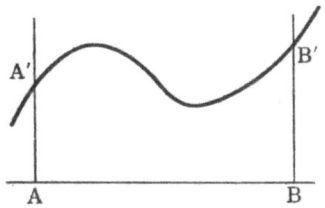

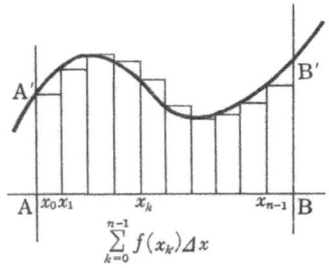

까지 f 오브 x 디 x라 읽는다.

이 정적분을 구하는 것을 $f(x)$를 a에서 b까지 적분한다고 말한다.

$$\sum_{k=0}^{n-1} f(x_k) \Delta x \longrightarrow \int_a^b f(x)dx$$

이므로 $n \longrightarrow \infty$일 때

기호 $\sum_{k=0}^{n-1}$가 $\int_a^b$가 되고

$f(x_k)\Delta x$가 $f(x)dx$가 되는

것이다. 넓이를 '세로의 선의 그러모음'이라고 생각했을 때의 세로의 선이 $f(x)$이고 그것이 마치 폭이 있는 것처럼 생각한 것이 $f(x)dx$, '그러모아라'라는 것이 $\int_a^b$이라고 볼 수 있다.

그러나 앞의 네모칸 안의 문장에서는 $f(x)>0$이라고도 $a<b$라고도 언급하고 있지 않다. $f(x)>0$, $a<b$일 때는 하나의 도형의 넓이를 나타내고 있지만 위의 정적분은 넓이의 일반화로 되어 있다. 넓이와의 관계는 아래의 그림과 같다.

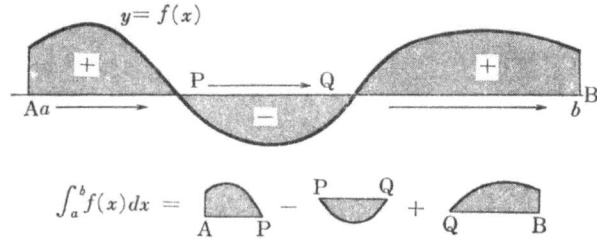

즉 정적분은 부호까지 생각한 넓이라 해도 될 것이다.
$b=a$일 때는 에워싸는 부분이 없는 것이므로

$$\int_a^a f(x)dx = 0$$

이다.
또 $a>b$일 때는 적분하는 방향이 역전되므로 부호가 바뀐다.

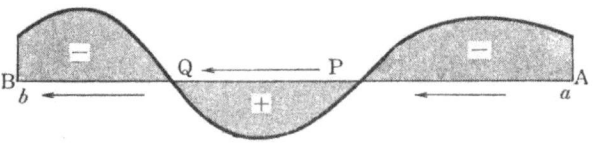

넓이의 계산예에서 조사한 것을 정적분의 기호로 적으면 다음의 공식이 된다.

$$\int_0^a x^r dx = \frac{1}{r+1} a^{r+1}$$
$$\int_a^b x^r dx = \frac{1}{r+1} (b^{r+1} - a^{r+1})$$

두번째의 등식은 아래의 그림을 보고 생각해 보기 바란다.

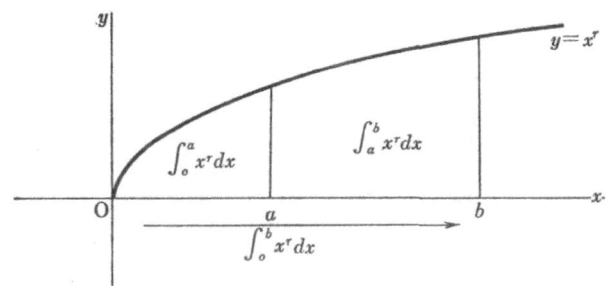

정적분에 관해서 일반적으로 능식

$$\int_a^b f(x)dx + \int_b^c f(x)dx = \int_a^c f(x)dx$$

가 성립한다.

또 함수의 콘스탄트배(상수배)나 함수의 합에 관해서는 다음의 등식이 성립한다.

$$\int_a^b mf(x)dx = m\int_a^b f(x)dx$$
(m배의 정적분은 정적분의 m배)

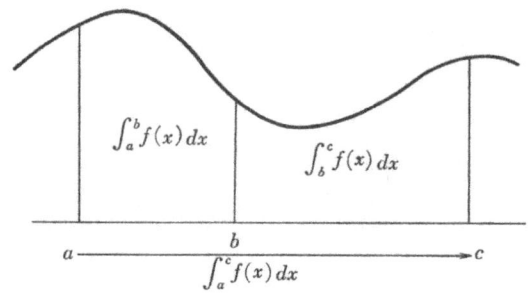

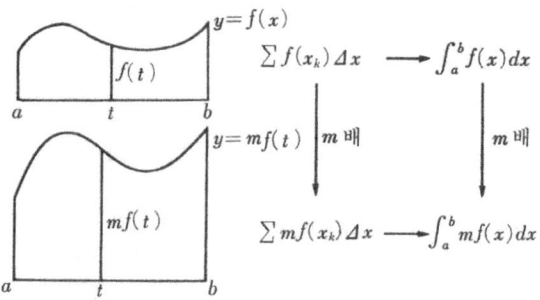

그리고 함수의 합에 대해서는 :

$$\int_a^b (f(x)+g(x))dx = \int_a^b f(x)dx + \int_a^b g(x)dx$$
(합의 정적분은 정적분의 합)

그림을 보고 이들의 등식을 생각해 보기 바란다. 카발리에리의 원리가 나타나고 있는 것을 알아차렸는지.

이들의 공식을 사용하면, 예컨대

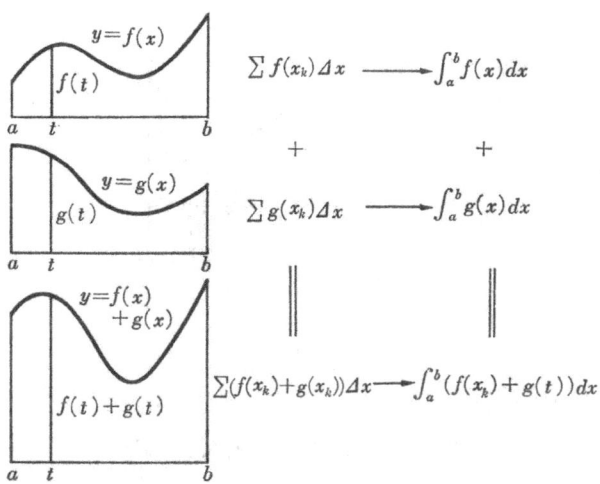

$$\int_0^a (mx^2 + nx)\,dx$$
$$= \int_0^a mx^2 dx + \int_0^a nx\,dx$$
$$= m\int_0^a x^2 dx + n\int_0^a x\,dx$$
$$= \frac{ma^3}{3} + \frac{na^2}{2}$$

과 같이 계산된다.

또 '끼워 넣기'에 의해서 정적분이 결정되는 것이므로 다음의 성질도 명백할 것이다.

$a < b$ 이고 $m \leq f(x) \leq M$ 이라면
$$m(b-a) \leq \int_a^b f(x)\,dx \leq M(b-a)$$

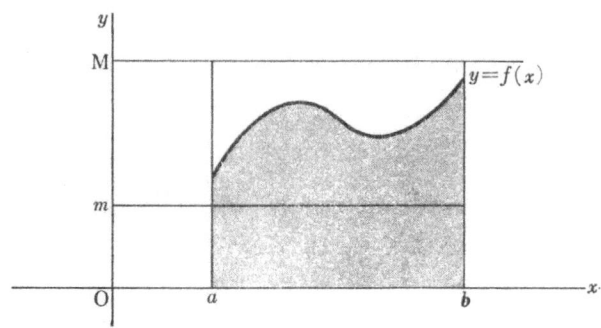

정적분에 대해서는 더 여러 가지 성질이 있다. 미적분의 서적으로 공부하기 바란다. 이 제1화에서는 넓이에서 정적분에 이르기까지의 사고방식을 '끼워 넣기의 원리'를 핵심으로 하여 언급해 본 것이다.

넓이함수란 무엇인가

x의 함수 $f(x)$의 a에서 b까지의 정적분

$$\int_a^b f(x)dx$$

는 함수 f와 2개의 수 a, b로 결정되는 하나의 수이다. $f(x)>0$이고 $a<b$일 때는 하나의 도형의 넓이를 나타내고 있었다.

정적분의 기호에서 $f(x)$의 x, dx의 x는 x, y좌표에 $y=f(x)$의 그래프를 그렸다고 생각했을 때의 x의 흔적이고 정적분의 값과는 관계가 없다. 예컨대

$$\int_0^a \sqrt{x}\,dx = \frac{2}{3}\sqrt{a^3}, \quad \int_a^b x^2 dx = \frac{1}{3}(b^3-a^3)$$

인데 이것을

$$\int_0^a \sqrt{t}\, dt = \frac{2}{3}\sqrt{a^3},\quad \int_a^b s^2 ds = \frac{1}{3}(b^3 - a^3)$$

이라 적어도 실질적으로는 변화는 없다. 물론 x 대신에 a나 b를 사용하거나 하면 혼란을 가져온다.

그런데 함수 f에 대해서 0에서 a까지의 정적분을 생각하고 상단의 a를 여러 가지 바꿔본다. 그렇게 하면 함수 f와 상단의 a로 하나의 수가 결정된다. 그것을 $F(a)$로 나타내자.

$$F(a) = \int_0^a f(x)dx$$

이지만 함수답게 a 대신에 x를 사용하여($f(x)$의 x나 dx의 x를 t로 대체하고)

$$F(x) = \int_0^x f(t)dt$$

로 나타낸다. 이 함수 F는 함수 f에서 유도되는 것으로 F를 f의 넓이함수라 말하기로 한다.

하단을 0으로 잡은 것은 특별한 의미는 없다. 물론 함수 $f(x)$는 적어도 $x=0$의 부근에서 정의되어 있지 않으면 안된다.

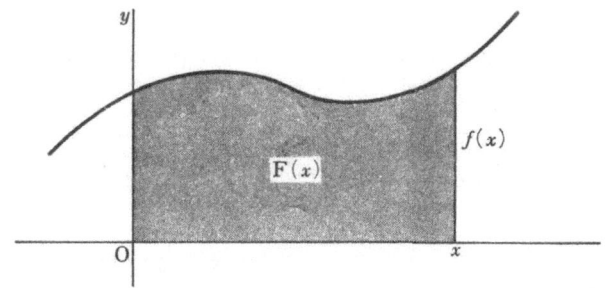

또 하단을 a로 잡고 싶으면

$$\int_0^x f(t)dt = \int_0^a f(t)dt + \int_a^x f(t)dt$$
$$\uparrow \qquad \uparrow \qquad \uparrow$$
$$f(x) \quad \text{콘스탄트} \quad \text{하단 } a$$

이므로 콘스탄트의 차이뿐이다.

넓이함수의 예를 보이면:

$$f(x)=x \longrightarrow F(x)=\int_0^x t\,dt = \frac{x^2}{2}$$

$$f(x)=3x^2 \longrightarrow F(x)=\int_0^x 3t^2\,dt = x^3$$

$$f(x)=\sqrt{x} \longrightarrow F(x)=\int_0^x \sqrt{t}\,dt = \frac{2}{3}\sqrt{x^3}$$

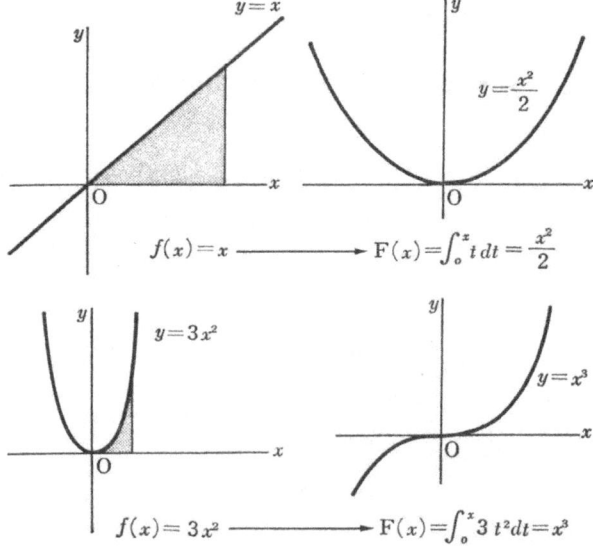

일반적으로 :

> $r>0$일 때 $f(x)=x^r$의 넓이함수는
> $$F(x)=\int_0^x t^r dt = \frac{1}{r+1}x^{r+1}$$

함수 $f(x)$의 부호와 그 넓이 함수 $F(x)$의 증가·감소의 사이에는 매우 중요한 관계가 있다.

먼저 함수 $f(x)$가 91페이지의 그림과 같은 그래프를 갖고 있다고 하자.

이 함수의 넓이함수 $F(x)$를 S군에게 계산을 부탁하자.

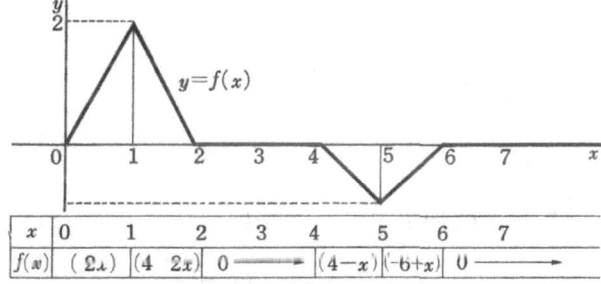

$0 \leq x \leq 1$일 때
$$F(x)=\int_0^x 2t\,dt = x^2, \ F(1)=1$$

$1 \leq x \leq 2$일 때
$$F(x)=F(1)+\int_1^x (4-2t)dt$$
$$=1+4(x-1)-(x^2-1)$$
$$=-2+4x-x^2$$
$$-2-(x-2)^2$$

$$F(2)=2$$

$2 \leq x \leq 4$일 때

$$F(x)=F(2)+\int_2^x 0\,dt = 2+0=2$$

$4 \leq x \leq 5$일 때

$$F(x)=F(4)+\int_4^x (4-t)dt$$
$$=2+4(x-4)-\frac{1}{2}(x^2-16)$$
$$=-6+4x-\frac{1}{2}x^2$$
$$=2-\frac{1}{2}(x-4)^2$$
$$F(5)=\frac{3}{2}$$

$5 \leq x \leq 6$일 때

$$F(x)=F(5)+\int_5^x (-6+t)dt$$
$$=\frac{3}{2}-6(x-5)+\frac{1}{2}(x^2-25)$$
$$=19-6x+\frac{1}{2}x^2$$
$$=1+\frac{1}{2}(x-6)^2$$
$$F(6)=1$$

$6 \leq x$일 때

$$F(x)=F(6)+\int_6^x 0\,dt$$
$$=1+0=1$$

제1화 넓이에서 정적분으로   91

수고가 많았다. 넓이함수의 그래프는 아래의 그림과 같이 된다.

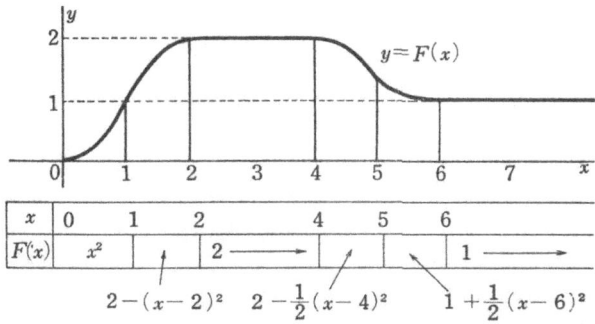

$f(x)$의 부호와 $F(x)$의 증감을 비교해 보면 다음과 같이 된다.

x	0	2	4	6
$f(x)$		+	0	−	0
$F(x)$		증가	콘스탄트	감소	콘스탄트

일반적으로 함수 $f(x)$의 부호와 넓이 함수 $F(x)$의 증가감소의 사이에는 다음의 관계가 성립한다.

  $f(x)>0$의 범위에서 $F(x)$는 증가
  $f(x)=0$의 범위에서 $F(x)$는 콘스탄트
  $f(x)<0$의 범위에서 $F(x)$는 감소

이것은 넓이함수

$$F(x) = \int_0^x f(t)\,dt$$

가 $f(x)$의 그래프가 에워싸는 넓이와 관계하고 있음을 생각하면 납득할 수 있을 것으로 생각한다.

함수 $f(x)$의 넓이함수란 실은 가명이고 원시함수 또는 부정(不定)적분이라는 본명을 가지고 있다. 그것은 다음의 제 2 화에서 밝히자.

제 2 화

접선 : 미분계수에서 미적분의 본질로
(국소근사의 사고)

우리들의 대지

우리들이 생존하고 있는 우리들의 대지, 지구는 지름 약 1만 2700킬로미터, 둘레는 4만 킬로미터에 이르는 구의 형태를 한 천체의 하나이다. 이 지구가 구체일 것이라는 것은 기원전부터 알려져 있었던 것 같다.

지구가 태양의 주위를 타원궤도를 그리면서 공전(公轉)하고 있다는 것이 설명된 것은 17세기가 되면서 부터이다. 그 태양의 지름은 지구의 지름의 109배나 되고 또 지구에서의 거리는 그것의 또 107배 이상이나 된다는 것은 백과사전 등으로 알 수 있다. 개략적으로 말하면 태양을 지름 1미터의 구라 하면 100미터나 떨어진 곳에 지구가 있고 그것은 지름 1센티미터도 되지 않는 구라는 것이 된다.

그런데 지구가 구형이라는 것을 실감나게 파악하는 것은 상당히 어려운 것이다. 어렸을 적에 해변의 물결이 밀려오는 곳에 서서 수평선을 바라보고 자를 수평선에 대보는 체한 일이 흔히 있었지만 좀처럼 둥그스름함을 육안으로는 알 수 없었던 기억이 있다. 도대체 어느 정도 둥근 것인지 S군에게 잠깐 계산을 시켜보자.

다음의 그림에서 $\triangle OAB$에 피타고라스의 정리를 사용하면

$$R^2 + d^2 = (R+h)^2$$

따라서

$$d^2 = 2Rh + h^2$$

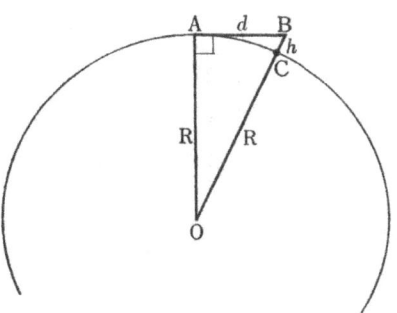

지구의 지름은 1만 2700km($=2R$). 대단히 크기 때문에 대략

$$d^2 \fallingdotseq 2Rh \, (=12700h)$$

라 해도 된다. 즉

$$d \fallingdotseq \sqrt{12700h} \quad (\text{단위 km})$$

이다.

$d=1$km일 때, h는 약 8cm

또

$h=1$m일 때, $d=3.6$

이 된다.

d(km)	h(cm)	h(m)	d(km)
0.5	2.0	1	3.6
1	7.9	1.5	4.4
2	31.5	10	11.3
3	70.9	100	35.6
4	126.0	1000	112.7
5	196.9	3700	216.8

S군의 계산에 따르면 3700m의 후지산 정상에서 내다볼 수 있는 것은 직선거리로 반지름 216.8킬로미터의 범위가 된다. 항구를 떠난 배는 수평선의 저편으로 머지않아 선체가 사라지고 결국은 마스트도 보이지 않게 되며 그리고 연기가 남는다는 것이 된다. 지구는 둥근 것이다.

그러나 'd = 0.5km, h = 2.0cm'라는 것은 지구가 완전한 구라 하고 10원짜리 동전(지름 약 2cm) 2개를 1킬로미터 떼어 놓고 꼭 평탄하게 된다는 것이다.

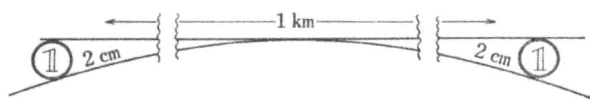

지름 1만 2700킬로미터의 원에 외접하는 정다각형의 1변이 약 1킬로미터가 되는 것은 정 39898다각형이라는 계산이 된다 :

$$12700 \times \pi = 39898.2\cdots\cdots$$

'둥근 지구도 가까이에서는 평탄하다'라는 것이 우리들의 대지이다. 지구에는 바다도 있고 육지도 있다. 그리고 육지에는 산이 있고 계곡이 있으며 평야도 있다. 도시에는 고층빌딩이 숲을 이루고 주택가에는 즐거운 나의 집도 있다.

 토지의 측량을 한다, 건조물의 구축을 한다라는 체험으로부터 현실공간의 모사(模寫)로서의 유클리드의 기하가 탄생하였다. 유클리드의 기하에서는 평면 상에서 하나의 직선에 수직인 2개의 직선은 평행이다. 그러나 지구의 표면, 구면상에서는 그렇게는 되지 않는다. 적도에서 수직인 2개의 경선(經線)은 남북의 극에서 교차한다.

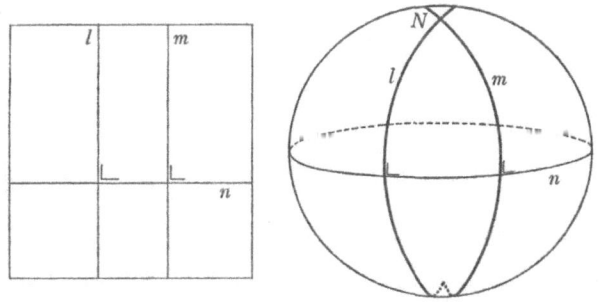

 즉 유클리드기하는 현실공간의 하나의 이상상(理想像)이다. 그리고 국부적으로는, 즉 극히 좁은 장소에서는 그것으로 충분한 것이다. 물론 대양을 항해하게 되면 구면(球面)기하가 필요하다. 그 구면기하도 3차원의 유클리드기하 속에서 고찰할 수 있다. 그 3차원의 기하도 반드시 대우주의 시공(時空)의 하나의 이상화(理想化)인지도 모른다.

이야기가 막연해졌는데 요점은 '구면도 극히 좁은 부분에서는 평면으로 간주해도 된다'라는 것이다. 그렇다. '근사(近似)의 정신'이다. 우리들은 이 근사의 정신을 기둥으로 하여 토지를 측량하고 건물의 설계를 하고 있는 것이다. '곡면을 국부적으로는 평면으로 간주한다'라는 사고는 미분·적분보다도 더욱 더 고등수학인 '다양체의 이론'의 출발점이다. 미분의 이론은 그 사원(寺院) 정문에 오르는 최초의 층층대이다.

곡선의 직선근사

'구면의 평면에 의한 국부근사'라는 사고방식을 곡선과 직선에 적용해 보자. 전 항의 2개의 10원짜리 동전과 지구의 이야기를 상기하기 바란다. 10원짜리 동전이 1킬로미터나 떨어져 있는데도 직선과 지구의 절단면의 원과는 10원짜리 동전의 지름인 2센티미터밖에 틀리지 않았다. 그림을 그리려고 하여 1킬로미터를 가령 1미터로 잡아서 큰 종이에 1미터의 직선을 그으면 10원짜리 동전의 2센티미터는 어떻게 될까. 1000분의 2센티미터, 0.002센티미터가 된다. 도저히 식별할 수 없다 (BLUE BACKS 400페이지의 두께가 약 1.7센티미터이다. 1매의 종이의 두께가 200분의 1.7, 0.0085센티미터이므로). 이것은 원이 매끄러운 곡선이고 지름이 크기 때문이다.

다음 페이지의 2개의 그림을 비교해 보기 바란다. 중심에 표적을 정하고 줌 업(zoom up) 해본다. 원이 작아짐에 따라 좌측은 차츰 직선으로 되어가지만 우측은 겨냥한 표적의 모서리는 어디까지나 모서리로서 남는다.

제2화 접선:미분계수에서 미적분의 본질로 99

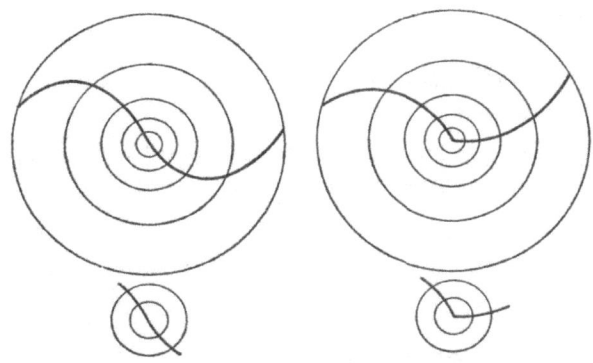

 곡선 상의 1점에 초점을 맞춰서 줌 업시켜 갈 때 그 점의 가까이에서 직선으로 간주할 수 있는지 아닌지가 그 점에서의 매끄러움의 관건이다. 그리고 그 직선이 접선인 셈이다. 물론 '매끄럽지 않다', '뾰족하다'라고 해도 그림을 그린 것만으로 확인할 수는 없다. 연필의 심의 굵기보다도 작은 원을 그리면 새까맣게 되어 버릴 것이다.
 따라서 '직선으로 근사시킬 수 있다? 할 수 없다?'라 해도 그 곡선의 정의에 따라서 결정하든가, 그 곡선을 나타내고 있는 식에 의존해서 계산하든가 하는 수밖에는 없다. 직관에서 벗어나서 머리 속의 문제가 된다.
 아무튼 곡선 상의 1점의 부근에서 그 곡선을 직선으로 근사시킬 수 있을 때 그 곡선은 그 점에서 매끄럽고 곡선 상의 어떤 점을 잡아도 거기서 매끄러운 것이 전체로서 매끄러운 곡선이다. 매끄러운 곡선의 각 점에는 그 점의 가까이를 근사시키는 직선이 결정된다. 그것이 그 점에서의 접선이다. '곡선의 직선에 의한 근사', 이것이 미분의 사고의 첫걸음이다. 굽은 것을

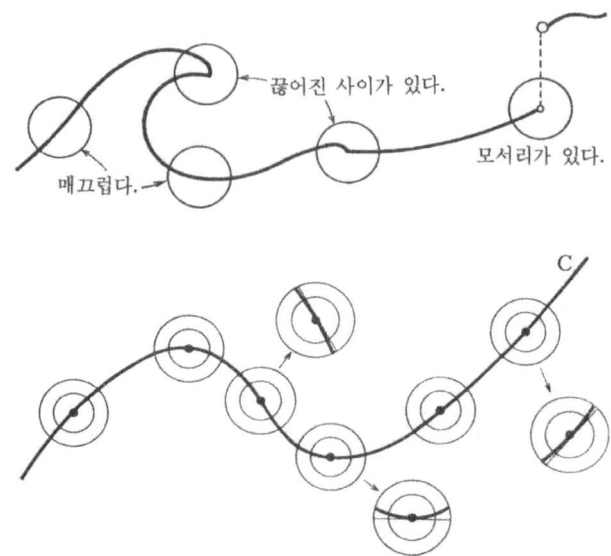

똑바른 것으로 국부적으로 근사시키려고 하는 사고이다. 여기서도 이미 아는 것(직선)에서 아직 모르는 것(곡선)으로의 모색이 작용하고 있다.

위의 그림에서는 곡선 C의 6개소의 점에서 주밍(zooming)을 하고 있고 3개소의 점을 빼내서 근사직선을 나타내어 보이고 있다. 이 그림을 바라보고 '곡선의 직선근사'는 도대체 무엇을 우리에게 이야기해 주고 있는 것인가 생각해 보자.

먼저 이 곡선이 하나의 도로라고 생각한다. 그리고 6개소의 점에는 주행 중인 자동차가 있는 것으로 하자. 근사직선은 각각의 지점에서의 자동차의 진행방향을 가리키고 있는 것이 될 것이다. 야간이라면 헤드라이트(전조등)가 비치는 방향을 가리키고 있다.

이번에는 곡선 C가 어딘가의 유원지의 공중회전 코스터 (coaster)의 일부라고 생각해 보자. 좌에서 우로 상승, 하강, 상승이라는 것이 된다. 야간에는 운행하지 않겠지만 만일 헤드라이트가 붙어 있다면 그 비치는 방향이 근사직선이다. 상승에서 하강으로 옮겨지는 지점에서는 헤드라이트는 수평방향을 비친다. 하강에서 상승으로 옮겨지는 지점에서도 그러하다.

이 두 가지 견해는 전자가 곡선 C를 하나의 평면곡선으로 보고 있는 것에 반해서 후자는 곡선 C를 코스터의 루트의 지상으로부터의 높이를 나타내는 것, 바꿔 말하면 하나의 함수의 그래프처럼 생각하고 있는 것이다. 결국 전자는 2차원적이고 후자는 1차원적, 즉 자동차의 헤드라이트의 방향이 동서남북 어느 쪽을 향하고 있는가 하는 것과 코스터의 라이트의 방향이 상향이냐, 수평이냐, 하향이냐라는 것과의 차이이다.

타원의 접선

원뿔을 평면으로 잘랐을 때의 절단면의 곡선이 원뿔곡선이고 그것이 작도문제와 관련해서 그리스의 옛날부터 생각되고 있었던 것은 제 1 화에서 언급하였다. 절단면으로서 만들어지는 곡선은

      타원, 포물선, 쌍곡선

의 3종류가 있다. 여기서는 타원의 접선에 대해서 생각하자.

먼저 타원의 특별한 경우인 원에 대해서인데 원의 접선에 대해서는 이제까지도 이미 알고 있는 것으로서 가끔 사용해 왔다. 즉 사용하여 온 것은 :

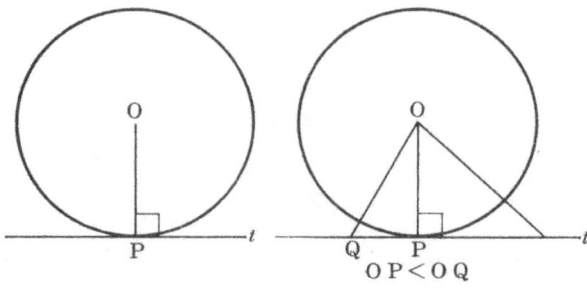

원둘레상의 1점에서 반지름에 수직인 직선이 그 점에서의 접선이다.

라는 것이다.

컴퍼스를 사용해서 원을 그릴 수 있는 것이고 원은

하나의 주어진 점에서 일정한 거리에 있는 점의 전체

로부터 이루어지는 평면곡선이다. 그 하나의 주어진 점이 원의 중심, 일정한 거리가 원의 반지름이다.

1점과 1직선 상의 점과의 거리는 수선을 내렸을 때가 가장 짧아지므로 원둘레 상의 점 P에서 반지름 OP에 수직인 직선 t를 그으면 점 P 이외의 직선 t 상의 점은 모두 원의 밖에 있다. 즉 이 직선 t는 원과 1점 P만을 공유하고 있다. 게다가 P를 지나는 이 직선 이외의 직선은 모두 원과 교차하여 소위 할선(割線)이 돼 버린다. 바꿔 말하면 점 P에 있어서의 접선은 점 P를 지나는 무수한 할선에 끼워져 있다. 여기서도 또 '끼워 넣기'이다.

타원은 원뿔의 하나의 절단면이지만 원기둥의 평면에 의한

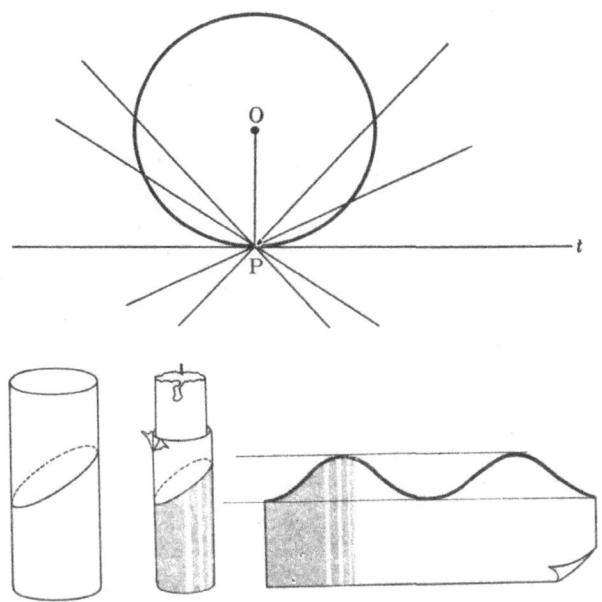

절단면이기도 하다. 이야기가 조금 본 줄거리에서 벗어나지만 약간 굵은 양초에 종이를 감아서 비스듬히 절단하여 종이를 펼치면 사인 커브가 만들어진다. 신사복의 소매의 어깻부들기의 형지(型紙)이다.

그런데 타원은 평면곡선으로서 다음과 같이 결정된다.

> 2개의 주어진 점에 이르는 거리의 합이 일정한 점의 전체가 타원이다.

이 2개의 주어진 점을 타원의 2개의 초점(焦点)이라 한다. 또 일정한 거리의 합을 타원의 장축이라 한다. 초점간의 거리의 장축에 대한 비를 타원의 이심률(離心率)이라 한다.

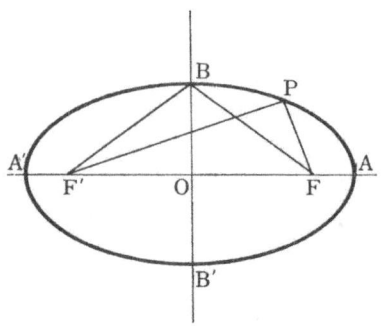

F, F' 초점
$PF + PF' = 2a$ 일정
$AA' = AF + AF' = 2a$
$OA = OA' = a$
$BF = BF' = a$
$\dfrac{FF'}{AA'} = \dfrac{OF}{OA} = e$ 이심률
AA' 장축 BB' 단축

이 정의에 따라서 2개의 못과 고리로 만든 끈을 사용해서 타원을 그릴 수 있다.

(끈의 길이)=(초점간의 거리)+(장축)
F와 F'가 일치하면 원

그런데 타원 상의 점을 P라 하고 $\triangle PFF'$의 점 P에 있어서의 외각의 2등분선을 t라 하면 이 직선이 점 P에 있어서의 타원의 접선이 된다. 직선 t 상의 P와 다른 점은 모두 타원의

제 2 화 접선:미분계수에서 미적분의 본질로 *105*

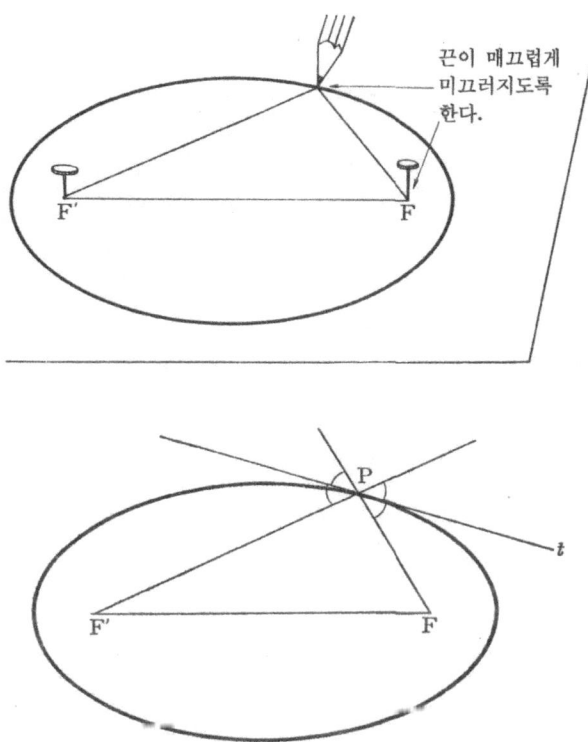

밖에 있다는 것을 나타내어 보일 수 있는지 S군에게 부탁하자.

> 직선 t 상에 점 P 이외에 점 Q를 잡을 때
>
> $$QF + QF' > PF + PF'$$
>
> 임을 보여준다. 이것이 성립하면 점 Q는 타원의 밖에 있는 것이 된다.
> 직선 t에 관한 점 F의 대칭점을 G라 한다.

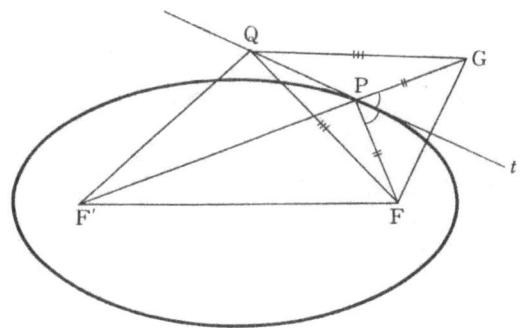

직선 t는 $\triangle PFF'$의 외각의 2등분선이므로 3점 G, P, F'는 일직선을 이루고

$$PF = PG$$

따라서

$$PF + PF' = GF'$$

한편 $QF = QG$ 이므로
$$QF + QF' = QG + QF'$$

$\triangle QGF'$에 있어서 2변의 합은 제3변보다 길기 때문에

$$GF' < QG + QF'$$

그러므로

$$PF + PF' < QF + QF'$$

Q. E. D.

타원 상의 점 P에 있어서의 접선 t는 점 P와 2개의 초점을 연결하는 직선 PF, PF'와 똑같은 각을 이루고 있다. 즉 1개의 초점 F를 나온 빛은 타원의 둘레에 반사해서 또 하나의 초점에 모이는 것이다. 바로 초점인 것이다.

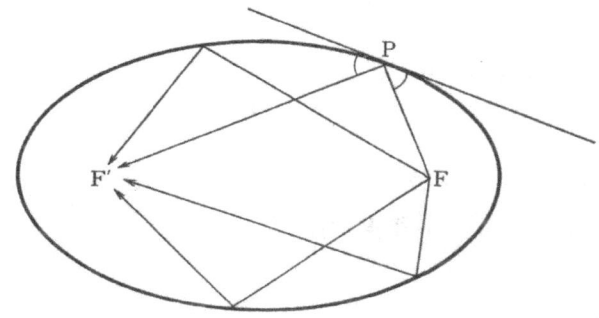

지구에 한정되지 않고 행성이 태양을 하나의 초점으로 하는 타원궤도를 그리면서 태양의 주위를 돌고 있는 것은 1610년경 관측에 의거한 통계계산에 의해서 케플러가 발견하였다. 케플러는 독일의 천문학자로서 행성운동의 법칙을 유도해 내어 뉴턴의 만유인력의 법칙 발견의 선구를 이룩했다고 일컬어지고 있다.

백과사전에 따르면 지구의 타원궤도의 이심률은 0.01674로 되어 있다. 장축에 상당하는 것은 지구와 태양의 거리의 2배인 약 2억 9900만 킬로미터이므로 초점간의 거리는

$$29900 \times 0.01674 ≒ 500 (만 킬로미터)$$

가 된다. 따라서 1미터 떼어서 말뚝을 세우고 60미터의 줄을 돌려서 타원을 그리면 지구의 궤도의 개략적인 형태를 알 수 있다. 전적으로 대략적인 이야기이지만 이때 지구는 지름 2.5

밀리미터의 구이다.

포물선의 접선

포물선도 원뿔곡선의 하나이지만 평면곡선으로서 다음과 같이 결정된다.

하나의 주어진 점과 하나의 주어진 직선에 이르는 거리가 똑같은 점의 전체가 포물선이다.

이 주어진 점을 포물선의 초점이라 한다. 또 하나의 주어진 직선을 포물선의 준선(準線)이라 한다.

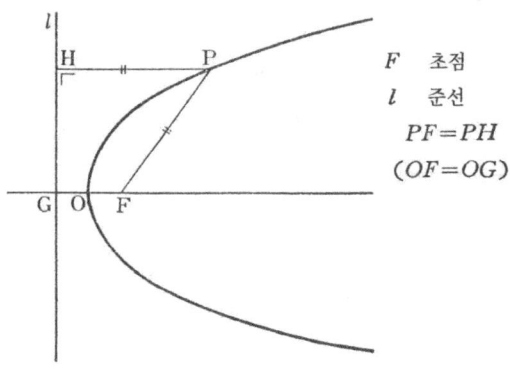

포물선에 대해서는 이미 제 1 화에서 포물궁형의 넓이를 구하거나 또 그 도중에서 포물선을 그리는 하나의 방법으로 언급하거나 하였다.

포물선 상의 점을 P라 하고 준선 l에 내린 수선을 PH, 초점을 F라 할 때 $\angle FPH$의 2등분선을 t라 한다. 직선 t가 점 P

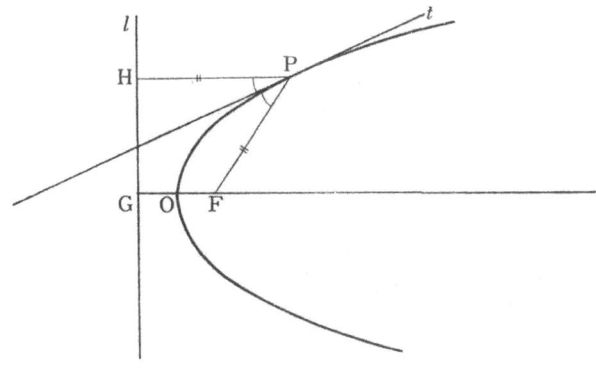

에 있어서의 포물선의 접선이 된다.

직선 t의 점 P와 상이한 점을 Q라 하면 Q에서 준선 l에 수선 QK를 그으면

$$QK < QF$$

가 되어 점 Q는 이 포물선 상에는 없다. S군 어떤가?

식선 t는 $\angle FPH$의 2등분선이고

$$PF = PH$$

이므로 직선 t는 선분 FH의 수직2등분선이다.
따라서

$$QF = QH$$

그리고 $QK \perp l$이므로

$$QK < QH$$

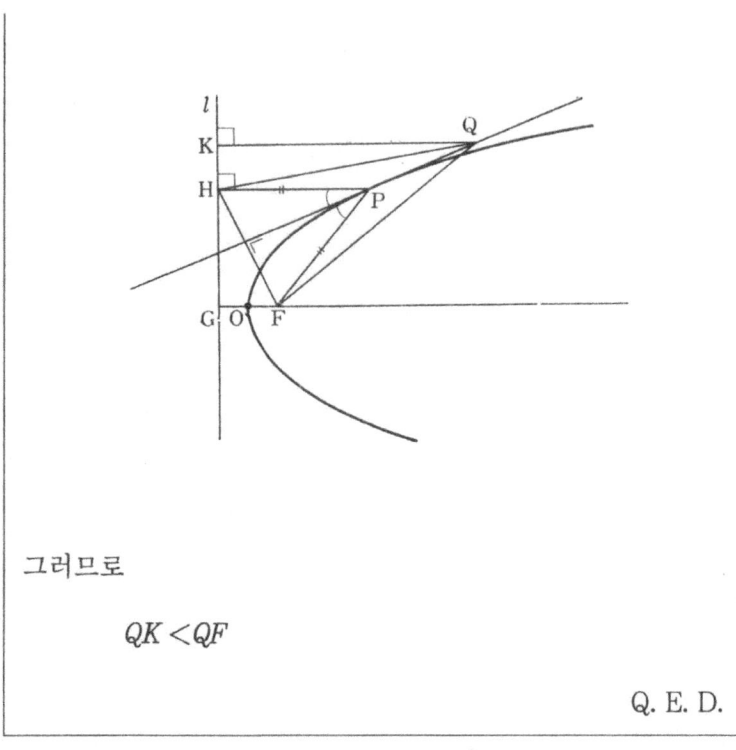

그러므로

$QK < QF$

Q. E. D.

포물선은 그 정의로부터 초점 F를 지나서 준선 l과 수직이 되는 직선에 관해서 선대칭이라는 것을 알 수 있는데 이 선대칭축과 평행인 광선은 포물면에 반사하여 모두 초점 F에 모인다. 파라볼라 안테나, 태양열에 의한 발전 등 여러 가지로 실용면에서 활약하고 있다.

타원이 행성의 궤도, 즉 점의 운동의 궤적으로서 파악될 수 있게 된 것과 마찬가지로 16, 17세기가 되어서 갈릴레이에 의한 낙체의 법칙의 발견, 뉴턴에 의한 운동의 법칙의 확립과 함께 포물선은 문자 그대로 '물건을 던졌을 때의 선', 홈런의 아

제 2 화 접선:미분계수에서 미적분의 본질로 *111*

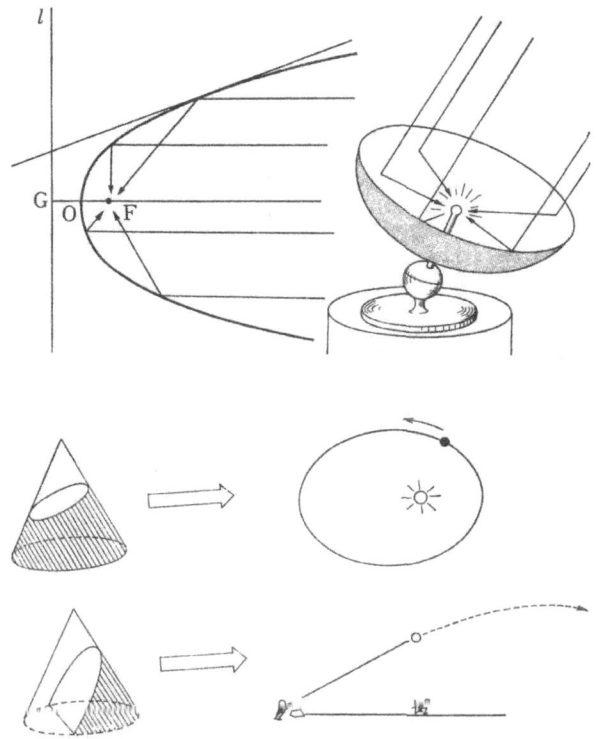

치로서 다시 태어나서 등장했다. 포물체의 궤도가 이른바 2차함수로 나타내어지기 때문이다. 2차함수의 그래프가 포물선이라는 것은 잘 알 것으로 생각한다.

처음에는 원뿔의 절단면의 곡선으로서 정적(靜的)으로 파악되고 있던 것이 운동의 법칙의 발견·확립과 함께 동적(動的)인 것의 표현으로 된 것이다.

2차함수의 그래프로서의 포물선의 접선이 어떻게 되는가는 바로 딱 들어맞는 부등식으로 보여줄 수 있다. 그것은 :

$(1+x)^2 \geq 1+2x$

등호는 $x=0$일 때만 성립한다.

이 부등식은 부록의 '부등식'의 2°의 특별한 경우이다. 그것은 제1화에서도 사용된 것이지만(74페이지) 위의 부등식이라면 아무것도 아니다. S군에게 의뢰할 것까지도 없이 :

$(1+x)^2-(1+2x)=x^2 \geq 0$

이기 때문에……

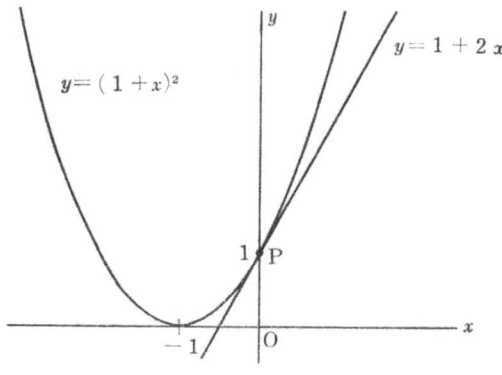

이 부등식이 이야기해 주는 것은
　포물선 $y=(1+x)^2$은 직선 $y=1+2x$의 위쪽에 있고
　점 $P(0, 1)$만을 공유한다.
라는 것이다.
즉 직선 $y=1+2x$가 포물선 $y=(1+x)^2$의 접선이다.

제2화 접선:미분계수에서 미적분의 본질로 113

더구나 포물선이 식으로 표시되어 있는 것이므로 더 상세히 조사할 수 있다.

포물선 $y=(1+x)^2$ 상의 점 P의 근방에 2개의 점 Q, R을 잡아서 직선 PQ나 PR의 기울기를 조사해 본다. S군에게 거들어 달라고 하자. Q를 P의 왼쪽에 R을 오른쪽에 잡아주기 바란다.

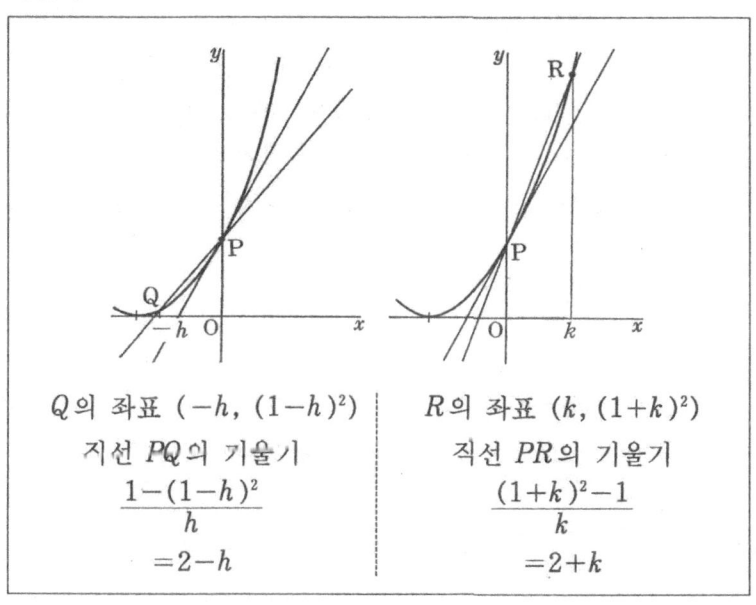

Q의 좌표 $(-h, (1-h)^2)$
직선 PQ의 기울기
$$\frac{1-(1-h)^2}{h}$$
$$=2-h$$

R의 좌표 $(k, (1+k)^2)$
직선 PR의 기울기
$$\frac{(1+k)^2-1}{k}$$
$$=2+k$$

접선 $y=2x+1$의 기울기는 2이므로

　(직선 PQ의 기울기)＜(접선의 기울기)
　　＜(직선 PR의 기울기)
　$2-h<2<2+k$

이다. '협공'이다. Q나 R을 P에 접근시키면, 즉 h나 k를 0

에 접근시키면 상, 하의 차

$$(PR\text{의 기울기}) - (PQ\text{의 기울기}) = k + h$$

는 얼마든지 작아진다.

이것으로 포물선 $y=(1+x)^2$의 점 $P(0, 1)$에 있어서의 접선 $y=2x+1$이 할선으로 끼워 넣어져 있음을 알았다.

특별한 2차함수 $y=(1+x)^2$의 특별한 점 $(0, 1)$에 있어서의 접선을 구한 것에 불과하지 않은가? 또 2차함수의 그래프인 포물선의 초점이나 준선은 무엇인가? 라고 걱정하는 분을 위해서 결과를 보여주고 S군에게 계산을 부탁하자.

1° 포물선 $y=x^2$ 상의 점 $P(a, a^2)$에 있어서의 접선은

$$y = a^2 + 2a(x-a)$$

이다.

$a \neq 0$이라 한다($a=0$일 때는 명백하다).
$x = a + (x-a) = a\left(1 + \dfrac{x-a}{a}\right)$이므로 위에서 사용한 부등식을 사용하면

$$x^2 = a^2\left(1 + \frac{x-a}{a}\right)^2$$
$$\geq a^2\left(1 + 2\frac{x-a}{a}\right) = a^2 + 2a(x-a)$$

즉

$$x^2 \geq a^2 + 2a(x-a)$$

더구나 등호는 $x=a$일 때 뿐이다.

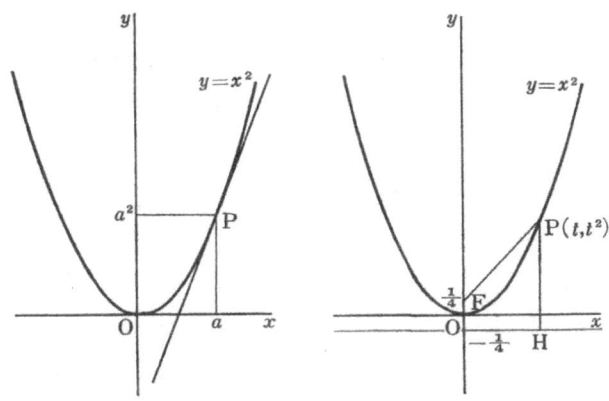

2° 포물선 $y=x^2$의

초점은 : 점 $\left(0, \dfrac{1}{4}\right)$, 준선은 : $y=-\dfrac{1}{4}$이다.

포물선 $y=x^2$ 상의 점을 $P(t, t^2)$라 하면 점 P와 점 $F\left(0, \dfrac{1}{4}\right)$와의 거리의 제곱은

$$(t-0)^2+\left(t^2-\dfrac{1}{4}\right)^2$$
$$=t^4+\dfrac{1}{2}t^2+\dfrac{1}{16}$$
$$=\left(t^2+\dfrac{1}{4}\right)^2$$

따라서

$$PF=t^2+\dfrac{1}{4}$$

이것은 점 $P(t, t^2)$과 직선 $y=-\dfrac{1}{4}$와의 거리와 똑같다.

Q. E. D.

곡선의 접선이란

원, 타원, 포물선의 접선에 대해서 조사해 왔다. 또 접선은 매끄러운 곡선의 국부적인 근사직선이라는 것도 언급하여 왔다.

도대체 접선이란 무엇일까. 매끄러우니까 접선을 그을 수 있는 것일까. 접선을 그을 수 있으니까 매끄러운 것일까. 어쩐지 닭과 달걀과 같은 느낌이다.

곡선이 운동하는 점의 궤도 또는 변화하는 양(量)의 함수의 그래프로서 생각하게 되기 이전에는 곡선의 접선이란 다음과 같이 생각되고 있었다.

> 곡선 C 상의 1점에 있어서의 접선이란 :
> 점 P를 지나는 직선 t에서, 직선 t는, 곡선 C를 가로지름이 없이, 점 P의 부근에서 곡선 C와의 공유점은 점 P뿐이다.

과연 원, 타원, 포물선의 접선은 위의 규정대로 되어 있었다. 그러나 잘 생각해 보면 '가로지름이 없이'라고 하는 데 '가로지르다'와 '가로지르지 않다'와의 차이는 무엇일까. 아무튼 곡선과 접선은 접점을 공유하고 있는 것이므로 '가로지르지 않는다'는 '교차하지 않는다'가 아니고 '접한다'가 될 것이다. 그렇게 하면

> 접선이란 접하는 직선

이 돼버려 동어반복(同語反復)이 되어 버린다. 무슨 뜻인지 모르게 되는 것 같지만 아무튼 다음 페이지의 그림을 바라보기 바란다.

제 2 화 접선:미분계수에서 미적분의 본질로 117

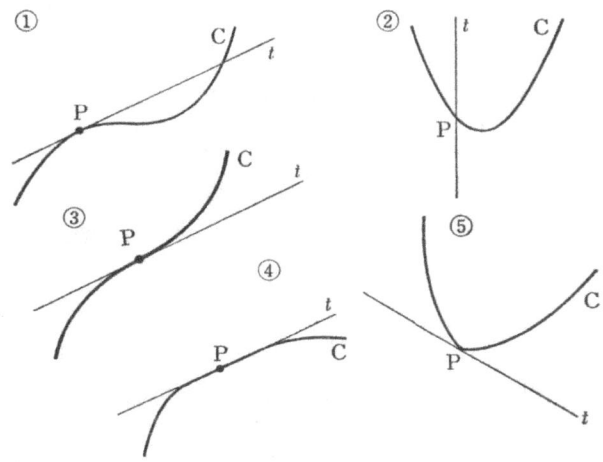

어느 것도 곡선 C와 그 위의 점 P, 그리고 점 P를 지나는 직선 t가 그려져 있다.

직선 t가 곡선 C의 점 P에서의 접선으로 되어 있는 것은 어느 것인가. 먼저 ①의 경우는 괜찮을 것이다. 직선 t는 점 P 이외에서도 곡선 C와 교차하고 있지만 접선은 곡선의 근사직선, 즉 점 P의 근방의 국부적인 이야기이므로 또 하나의 교점을 개의할 필요는 없다.

다음으로 ②의 경우: 이것은 접선이 아니다. 직선 t는 곡선 C와 교차하고 있다고 하여야 할 것이다.

③은: 곡선 C는 직선 t의 아래에서 위로 빠지고 있다. 교차하고 있다? 그렇다. 가로지르고 있는가?라고는 말할 수 없다.

또 ④는 점 P의 근방에서는 곡선 C는 직선상태로 되어 있다. 근사직선의 근사가 필요 없는 상황이다. 점 P의 근방에서 직선 t와 곡선 C의 공유점은 무수히 있고 단지 하나의 점 P 정도가 아니다.

⑤는 어떠할까. 직선 t는 곡선 C와 단지 1점 P 그 자체를 공유하는 것 뿐이고 가로지르고 있는 것도 아니다. 점 P의 부분은 곡선 C가 뾰족하게 되어 있는 부분이다.

평면곡선이 굽는 방식의 상황은 지금 관찰한 것만은 아니다. 평면곡선이라 해도

정사각형 속을 꽉 채워 버리는 것 같은 곡선
연결되어 있는데도 모서리투성이의 곡선

등 여러 가지로 복잡괴기한 것이 있다. 이러한 특이(特異)현상은 수학자 중에서 병리학의 담당자에게 맡기자. 복잡한 것은 먼저 신변의 이해하기 쉬운 것, 손을 대기 쉬운 것부터 시작하는 것이 상도(常道)이다.

그러면 곡선 C 상의 1점 P에 있어서의 접선을 결정하는 것인데 접선은 아무튼 점 P를 지나는 직선이므로 그 직선의 방향을 어떻게 해서 결정하는지가 과제이다. 점 P를 지나는 무수한 직선 중에서 접선이 되어야 할 것을 선출하는 것이 과제이다. 그를 위해서는 곡선 C 상의 점 P를 지나는 직선군 중에서 곡선 C와 관계가 있는 것을 우선 후보로 들 수 있다. 원이나 포물선의 접선이 할선으로 끼워져 있던 것을 상기하기 바란다.

곡선 C 상의 점을 P라 하고 곡선 C 상의 다른 점을 Q라 한다. 직선 PQ가 결정된다. 할선이라 해도 될 것이다.

점 P를 지나는 접선은 곡선 C의 점 P의 근방에서의 상황

제 2 화 접선:미분계수에서 미적분의 본질로 *119*

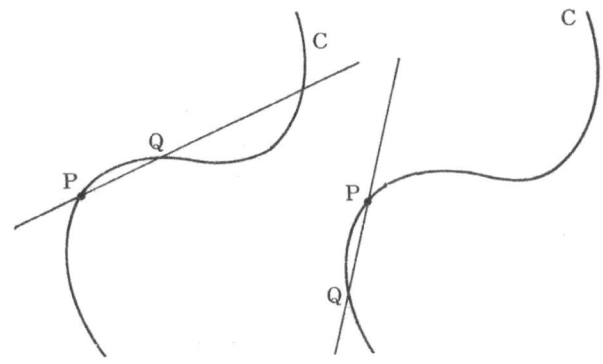

을 나타내는 것이므로 점 Q를 곡선 C 상의 점 P의 근방에 잡는다. 점 Q를 곡선 C 상에서 자꾸만 점 P에 접근시켜 간다. 접근시켜 갈 수 있기 위해서는 곡선 C는 연결되어 있지 않으면 곤란하다.

점 Q가 곡선 C 위의 점 P의 어느 쪽으로부터 접근시켰다 해도 직선 PQ가 하나의 직선에 접근하고 마침내는 그 직선에 겹쳐 버리는 것이라면 그 궁극의 직선 *t*가 점 P에 있어서의 접선이라고 하여야 할 직선이다.

결국 곡선 C 상의 점 P에 있어서의 접선이란 :

> 곡선 C 상에 P와 상이한 점 Q를 잡고 점 Q를 곡선 C 상에서 점 P에 접근시킬 때 직선 PQ의 극한 직선 이다.

라는 것이 된다.

할선 PQ가 다음의 그림처럼 접선을 끼워 넣는 경우도 있다.

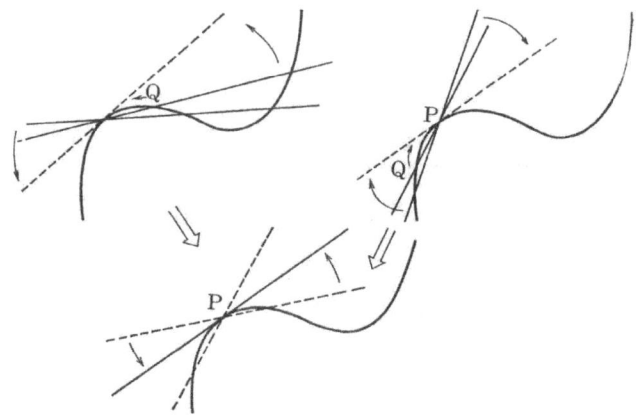

또 아래의 그림처럼 한쪽으로부터 접선에 접근하는 일도 있다.

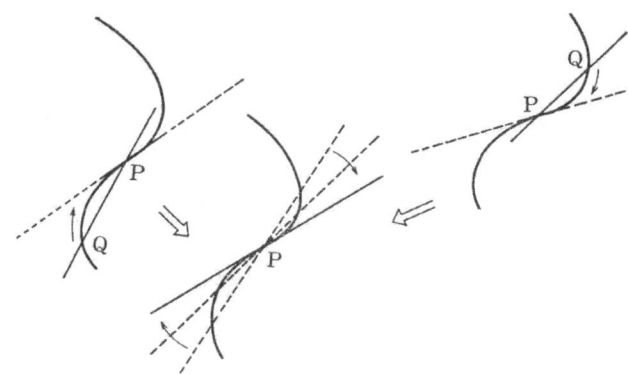

또 다음 페이지의 그림의 경우는 일정한 직선에 접근하지 않고 2개의 극한직선이 있고 곡선이 뾰족하게 되어 있는 경우이다. 이 때는 접선이라고는 하지 않는다.

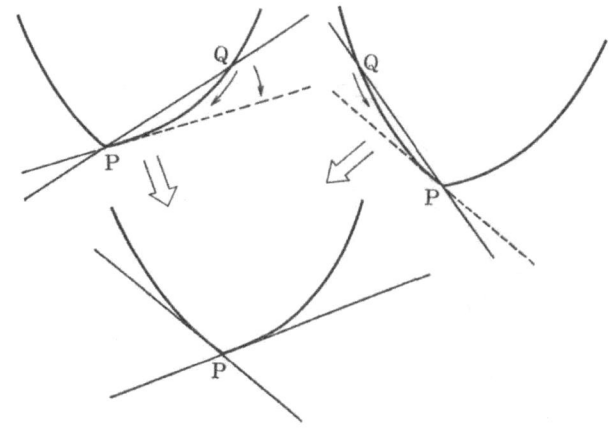

미분계수

$y=x^2$, $y=x^3$, $y=\sqrt{x}$ 등 x의 함수의 그래프인 곡선의 접선에 대해서 생각해 보자. 이들 함수를 일반적으로 $y=f(x)$로 나타내기로 한다.

x의 함수 $y=f(x)$의 그래프를 곡선 $y=f(x)$라 하기로 한다. 이 곡선 상에 점 P를 잡고 P의 x좌표를 u라 하면 y좌표는 $f(a)$이다. 즉 점 P의 좌표는

$$P(a, f(a))$$

이다.

곡선 $y=f(x)$의 점 P에 있어서의 접선을 생각하는 것인데 점 P를 지나는 것은 알고 있는 것이므로 그 직선의 기울기를 구하는 것이 과제이다.

곡선 $y=f(x)$ 상에서 점 P에 가까운 점을 Q라 한다. 점 Q의 좌표를 $Q(t, f(t))$라 하자. 직선 PQ의 기울기는

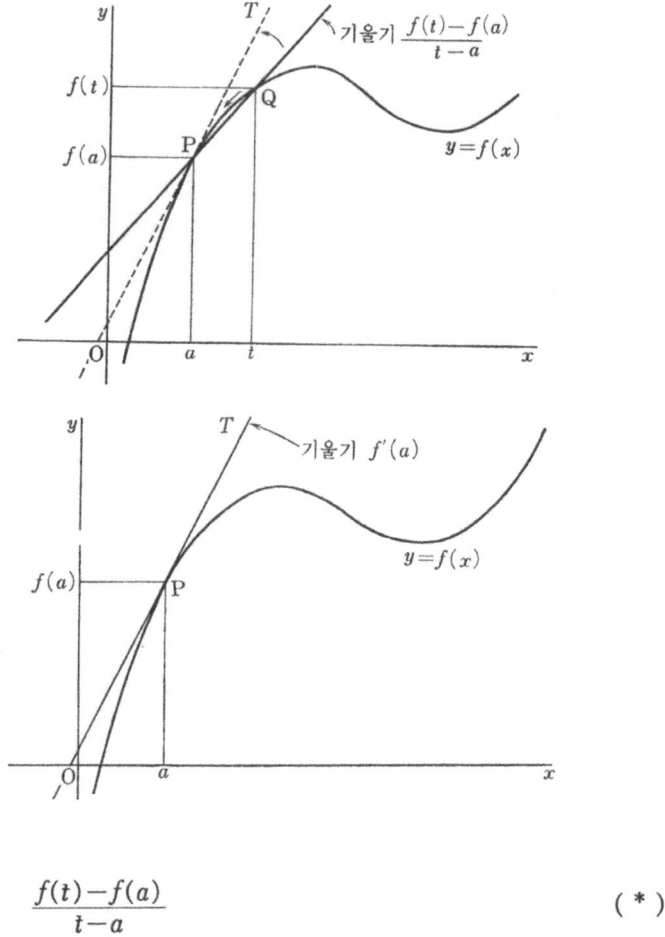

$$\frac{f(t)-f(a)}{t-a} \qquad (*)$$

이다.

  점 Q가 곡선 위에서 점 P에 접근할 때 직선 PQ가 일정한 직선에 접근한다면 그 극한직선이 점 P에 있어서의 접선이다. 이때 접선 PT의 기울기는 직선 PQ의 기울기 (*)의 극한의 값이다. 이 값을 $f'(a)$로 나타내고 함수 $f(x)$의 $x=a$에 있어서의 미분계수라 한다. 에프 대시 오브 에이라 읽는다.

$$\text{직선 } PQ \quad \overrightarrow{(Q \to P)} \quad \text{접선 } PT$$
$$\text{기울기 } \frac{f(t)-f(a)}{t-a} \quad \overrightarrow{(t \to a)} \quad \text{기울기 } f'(a)$$

라는 것이다. 이 두 줄은 닭과 달걀로서

접선을 그을 수 있는 것과 기울기 $\dfrac{f(t)-f(a)}{t-a}$ 의 극한의 값이 결정되는 것

과는 같은 것이다. 이때 :

곡선 $y=f(x)$ 상의 점 $P(a, f(a))$에 있어서의 접선의 식
$$y=f'(a)(x-a)+f(a)$$

이 직선이 점 $P(a, f(a))$의 근방에서의 곡선 $y=f(x)$의 근사직선이다.

직선 PQ의 기울기는

x의 값의 a에서 t까지의 변화 $t-a$

에 대한

함수값 $f(x)$의 $f(a)$에서 $f(t)$까지의 변화

$f(t)-f(a)$

의 비이고 함수 $f(x)$의 a에서 t까지의 평균의 변화율이다. 미분계수 $f'(a)$는 평균변화율인 t가 a로 접근했을 때의 극한의 값이므로 함수 $f(x)$의 $x=a$에 있어서의 순간변화율이라 할 수 있다.

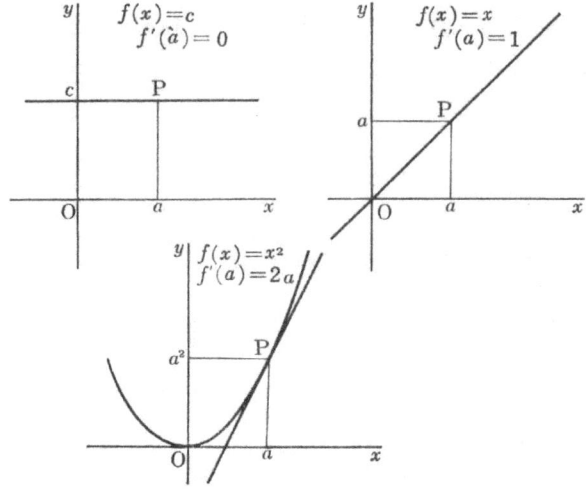

미분계수의 의미를 조사하기 전에 몇 개의 함수에 대해서 미분계수를 구해 보자.

먼저 콘스탄트함수, 즉 x의 값이 어떠한 때에도 $f(x)=c$일 때

$$\frac{f(t)-f(a)}{t-a}=\frac{c-c}{t-a}=0$$

이므로

$$f'(a)=0$$

다음으로 $f(x)=x$ 일 때

$$\frac{f(t)-f(a)}{t-a}=\frac{t-a}{t-a}=1$$

이므로

$$f'(a)=1$$

$f(x)=x^2$일 때는 전항에서도 구했지만 다시 한 번 해보면:

$$\frac{f(t)-f(a)}{t-a}=\frac{t^2-a^2}{t-a}=t+a$$

이므로 $t \to a$라 하면 $t+a \to 2a$, 즉

$$f'(a)=2a$$

$y=x^3$, $y=\sqrt{x}$, $y=\dfrac{1}{x}$의 세 가지 경우에 대해서 S군에게 계산을 부탁하자.

---

① $f(x)=x^3$

$$f(t)-f(a)=t^3-a^3=(t-a)(t^2+ta+a^2)$$

이므로

$$\frac{f(t)-f(a)}{t-a}=t^2+ta+a^2 \longrightarrow 3a^2 \quad (t \to a)$$

따라서

$f(x)=x^3$일 때 $f'(a)=3a^2$

② $f(x)=\sqrt{x}$

$$f(t)-f(a)=\sqrt{t}-\sqrt{a}$$
$$t-a=(\sqrt{t}-\sqrt{a})(\sqrt{t}+\sqrt{a})$$

이므로

$$\frac{f(t)-f(a)}{t-a} = \frac{1}{\sqrt{t}+\sqrt{a}} \xrightarrow[(t \to a)]{} \frac{1}{2\sqrt{a}}$$

따라서

$$f(x)=\sqrt{x}\text{일 때}\quad f'(a)=\frac{1}{2\sqrt{a}}$$

③ $f(x)=\frac{1}{x}$

$$f(t)-f(a)=\frac{1}{t}-\frac{1}{a}=\frac{a-t}{ta}$$

이므로

$$\frac{f(t)-f(a)}{t-a} = -\frac{1}{ta} \xrightarrow[(t \to a)]{} -\frac{1}{a^2}$$

따라서

$$f(x)=\frac{1}{x}\text{일 때}\quad f'(a)=-\frac{1}{a^2}$$

일반적으로 다음의 공식이 성립한다.

$$f(x)=x^r\text{일 때}\quad f'(a)=ra^{r-1}$$

위에서 보인 것은

$$r=1,\ 2,\ 3,\ \frac{1}{2},\ -1$$

의 경우와 $r=0(f(x)\equiv 1)$의 경우이다.

위의 공식은 $t \to a$일 때

$$\frac{t^r-a^r}{t-a}\text{의 극한값이 } ra^{r-1}$$

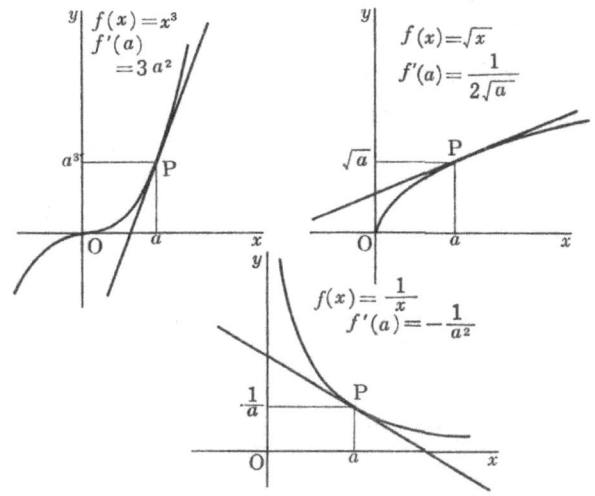

이라는 것을 의미하고 있다.

n이 자연수일 때는 수학적 귀납법으로 증명할 수 있다. $n = 1, 2, 3$일 때는 이미 보였다. 귀납법의 제 2 단계는

$$\left\{\frac{t^n - a^n}{t-a} \longrightarrow nu^{n-1}\right\}$$을 사용해서

$$\left\{\frac{t^{n+1} - a^{n+1}}{t-a} \longrightarrow (n+1)a^n\right\}$$을 유도하는 것

인데 S군 어떠한가?

$$t^{n+1} - a^{n+1} = t^{n+1} - t^n a + t^n a - a^{n+1}$$
$$= t^n(t-a) + a(t^n - a^n)$$

이므로

$$\frac{t^{n+1}-a^{n+1}}{t-a} = t^n + a\left(\frac{t^n-a^n}{t-a}\right)$$

귀납법의 가정을 사용하면 $t \to a$일 때

$$\frac{t^{n+1}-a^{n+1}}{t-a} \longrightarrow a^n + a(na^{n-1}) = (n+1)a^n$$

이 된다.   Q. E. D.

그러므로

$f(x) = x^n$일 때 $f'(a) = na^{n-1}$이다.

이것을 사용하면 함수 $y = \sqrt[n]{x}$ 의 미분계수를 구하는 것은 간단하다. 물론 $x > 0$이라 하여 생각한다.

2개의 함수 $y = x^n$ 과 $y = \sqrt[n]{x}$ 와는

$$b = a^n \iff a = \sqrt[n]{b}$$

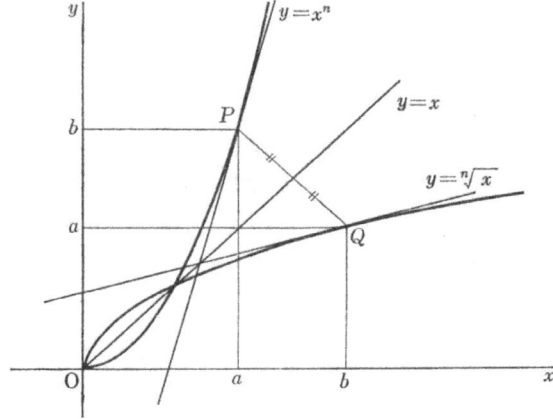

이므로 이 2개의 함수의 그래프는 직선 $y=x$에 관해서 선대칭이다(이 2개의 함수는 역함수의 관계에 있는 것이다).

직선 $y=x$에 관해서 선대칭이라는 것을 중개(仲介)로 하여 다음과 같이 대응한다.

x^n ⟵⟶ $\sqrt[n]{x}$
$b=a^n$ ⟵⟶ $a=\sqrt[n]{b}$
점 $P(a,b)$ ⟵⟶ 점 $Q(b,a)$
점 P에서의 접선 ⟵⟶ 점 Q에서의 접선
그 기울기 na^{n-1} ⟵⟶ 그 기울기 ☐

마지막의 ☐가 함수 $y=\sqrt[n]{x}$의 $x=b$에 있어서의 미분계수이다. 그것은 아래의 그림에서 알 수 있는 것처럼 na^{n-1}의 역수가 된다.

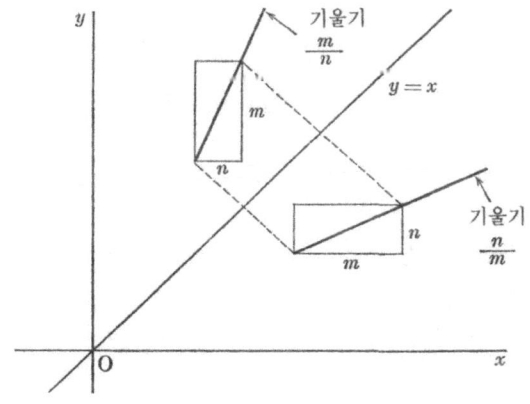

따라서 $\sqrt[n]{x}$의 $x=b$에 있어서의 미분계수, 즉 ☐ 은:

$$\boxed{} = \frac{1}{na^{n-1}} = \frac{1}{n} \frac{1}{(\sqrt[n]{b})^{n-1}} = \frac{1}{n} \frac{1}{b^{\frac{n-1}{n}}}$$
$$= \frac{1}{n} b^{\frac{1}{n}-1}$$

따라서

$$f(x) = \sqrt[n]{x} = x^{\frac{1}{n}} \text{일 때 } f'(b) = \frac{1}{n} b^{\frac{1}{n}-1}$$

이다.

n이 음의 정수일 때는 $n=-1$일 때

$$f(x) = x^{-1} = \frac{1}{x}, \ f'(a) = -\frac{1}{a^2} = -a^{-2}$$

이라는 것을 알고(125페이지) 있으므로
$n=-m$일 때

$$f(x) = x^n = \frac{1}{x^m}, \ f'(a) = -m \frac{1}{a^{m+1}} = na^{n-1}$$

이 되는 것도 m에 대한 수학적 귀납법으로 유도할 수 있다.

따라서 또 $f(x) = \dfrac{1}{\sqrt[m]{x}}$의 경우도 역함수의 사고로

$$f'(a) = -\frac{1}{m} a^{-\frac{1}{m}-1}$$

이라는 것을 유도할 수 있다.

아무튼 일반적으로

$$f(x) = x^r \text{일 때 } f'(a) = ra^{r-1}$$

이 성립한다. $\dfrac{1}{x^m}$이나 $\dfrac{1}{\sqrt[m]{x}}$의 경우에 도전해 보기 바란다.

미분계수의 의미

매끄러운 그래프를 갖는 함수 $f(x)$에 대해서 $x=a$에 있어서의 미분계수 $f'(a)$를 $t \to a$일 때의

$$\frac{f(t)-f(a)}{t-a} \text{의 극한값 } f'(a)$$

로 결정하였다.

$f'(a)$는 점 $p(a, f(a))$에서의 곡선 $y=f(x)$의 접선의 기울기이다. 접선의 식은

$$y = f'(a)(x-a) + f(a)$$

가 된다.

이 직선이 곡선 $y=f(x)$의 점 P의 부근에서의 상태를 가장 잘 나타내고 있는 직선이다.

미분계수가 함수의 값이나 함수의 변화의 상태에 어떻게 관계하고 있는지를 조사해 보자.

먼저 함수의 값의 근사값을 구하는 하나의 방법을 보여준다. 일반론으로서는 x가 a에 가까울 때

$$f(x) \text{를 } f'(a)(x-a) + f(x)$$

로 근사시키는 것이다. $x-a=h$라 두면 다음의 근사식이 유도된다. 이것을 1차의 근사식이라 한다.

---

h가 a에 비해서 충분히 작을 때
$$f(a+h) \fallingdotseq f(a) + f'(a)h$$

$f(x)=x^3$　　$(a+h)^3 \fallingdotseq a^3+3a^2h$
$f(x)=x^2$　　$(a+h)^2 \fallingdotseq a^2+2ah$
$f(x)=\sqrt{x}$　　$\sqrt{a+h} \fallingdotseq \sqrt{a}+\dfrac{h}{2\sqrt{a}}$

1차 근사식을 사용해 보자. 반지름 R인 구의 부피는 $\dfrac{3}{4}\pi R^3$ 이지만 반지름의 측정에 1%의 오차가 있다고 한다. 이 때

$$\dfrac{3}{4}\pi \left(R+\dfrac{1}{100}R\right)^3 \fallingdotseq \dfrac{3}{4}\pi \left(R^3+3R^2\dfrac{R}{100}\right)$$
$$=\dfrac{3}{4}\pi R^3\left(1+\dfrac{3}{100}\right)$$

이므로 부피의 오차는 약 3%가 된다.

또 제곱근의 근사식에서 $a=c^2$이라 하면

$$\sqrt{c^2+h} \fallingdotseq c+\dfrac{h}{2c}$$

가 된다. c^2의 제곱근은 c이지만 c^2의 부근에서 $\sqrt{c^2+h}$의 제곱

c^2+h	$\sqrt{c^2+h}$	$c+\dfrac{h}{2c}$
68	8.246211251	8.25
67	8.185352772	8.1875
66	8.124038405	8.125
65	8.062257748	8.0625
64	8	8
63	7.937253933	7.9375
62	7.874007874	7.875
61	7.810249676	7.8125
60	7.745966692	7.75

근의 근사값은 $c+\dfrac{h}{2c}$ 라는 것이다. $c=8$, 즉 $c^2=64$의 부근에서 양자의 값을 비교해 보자. 앞의 표와 같이 된다.

이 표는 곡선 $y=\sqrt{x}$ 상의 점(64, 8)에 있어서의 접선과 이 곡선과의 $x=64$ 부근에서의 떨어진 상태를 나타내어 보이고 있는 것이기도 하다.

다음으로 미분계수의 부호가 함수의 변화의 상태에 어떠한 의미를 갖고 있는가에 대해서 조사하자. 근사값의 계산이 미분계수의 정량적인 의미라면 이번에는 정성적인 의미를 생각하려 하고 있는 것이다.

함수 $f(x)$의 $x=a$에 있어서의 미분계수 $f'(a)$는 곡선 $y=f(x)$의 점 $P(a, f(a))$에 있어서의 접선의 기울기였다.

<u>미분계수가 양, $f'(a)>0$ 일 때</u>. 접선은 상향(上向)이다. 따라서 곡선 $y=f(x)$도 오르막길이다.

$f'(a)>0$일 때 곡선 $y=f(x)$는 점 $P(a, f(a))$를 좌하에서 우상으로 빠져 나가고 있다. 좌상, 우하를 지나는 일은 없다. 함수 $f(x)$의 값은 $x=a$에서 증가의 상태에 있다.

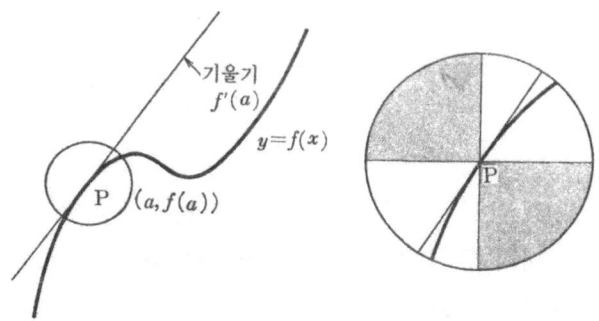

134

<u>미분계수가 음, $f'(a)<0$일 때.</u> 이 때 접선은 하향(下向), 곡선은 내리막길이다.

곡선 $y=f(x)$는 점 $P(a, f(a))$를 좌상에서 우하로 빠져 나가고 있다. 좌하, 우상을 지나는 일은 없다. 함수 $f(x)$의 값은 $x=a$에서 감소의 상태에 있다.

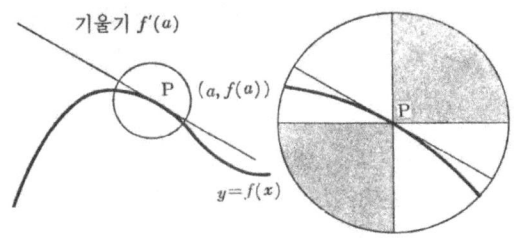

이상 2개의 경우를 감각적으로 정리하면 다음의 도식과 같이 된다.

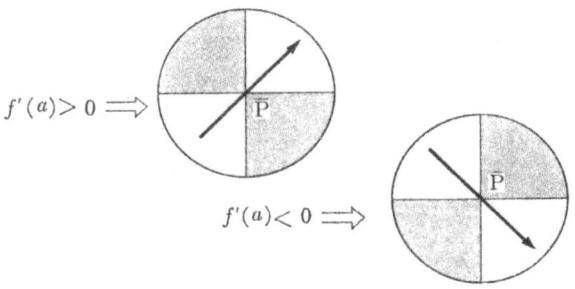

'좌상, 우하' 또는 '증가의 상태' 등이라 하였지만 '점 P에서', '$x=a$에서'이고 '점 P의 전후를 통해서', '$x=a$의 부근에서'는 아니라는 것을 다짐을 위해 미리 말해둔다.

<u>미분계수가 0, $f'(a)=0$일 때.</u> 이때 접선은 수평이다. 곡선

$y=f(x)$가 점 $P(a, f(a))$를 빠져 나가는 상태를 대충 분류하면 다음의 네 가지가 있다.

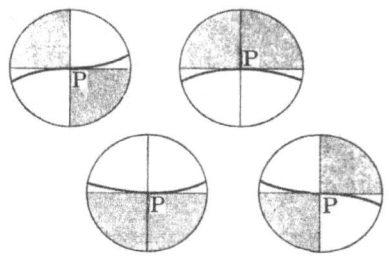

2번째, 3번째가 곡선이 점 P에서 산의 꼭대기, 산골짜기의 바닥이 되는 경우이다. 함수 $f(x)$가 $x=a$에서 극대, 극소가 되는 경우이다. $f'(a) \neq 0$이라면 위에서 조사한 것으로부터 극대 또는 극소로는 되지 않는다. 따라서 :

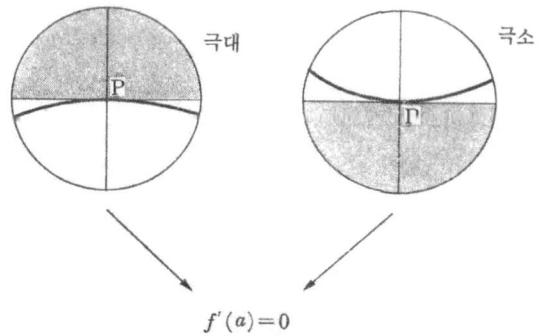

$f'(a)=0$

미분계수가 0, $f'(a)=0$이 되는 a가, 함수 $f(x)$가 극대 또는 극소가 되는 x의 값의 후보자이다. 물론 위의 그림에서 알 수 있는 것처럼 $f'(a)=0$이라고 해서 극대 또는 극소라는 것은 아니다.

극대·극소의 구체적인 예에 대해서는 고등학교 정도의 미적분의 책에 얼마든지 있으므로 그것을 참조하기 바란다.

곡선 $y=f(x)$의 직선에 의한 국부근사(局部近似)라는 사고가 여러 가지 의미를 갖고 있음을 알게 되었다. 정리하여 두자.

곡선 $y=f(x)$의 점 $P(a, f(a))$에 있어서의 접선의 기울기가 미분계수 $f'(a)$

접선의 식 $y=f'(a)(x-a)+f(a)$

1차의 근사식 $f(a+h) \fallingdotseq f(a)+f'(a)h$

$f'(a)$의 부호 함수의 변화의 상태:

$f'(a)>0$이라면 $x=a$에서 증가

$f'(a)<0$이라면 $x=a$에서 감소

$x=a$에서 극대 또는 극소라면 $f'(a)=0$

넓이함수의 미분계수

제1화의 넓이의 계산 예(70페이지)의 항에서 r이 양의 유리수일 때

$$\text{곡선 } y=x^r \text{과 } x\text{축, 직선 } x=a$$

가 에워싸는 넓이가

$$\int_0^a x^r dx = \frac{1}{r+1}a^{r+1} \tag{1}$$

임을 나타내어 보였다.

제2화 접선:미분계수에서 미적분의 본질로 *137*

한편 125페이지에서는

$$f(x)=x^r \text{ 일 때 } f'(a)=ra^{r-1}$$

이라는 것을 몇 개의 r의 값에 대해서 유도하였다. 이 관계가 일반적으로 성립하는 것이라 하면

$$f(x)=x^{r+1} \text{ 일 때 } f'(a)=(r+1)a^r \qquad (2)$$

가 된다.

(1), (2)를 비교해 보면 무언가 있을 것 같다.

$r>1$

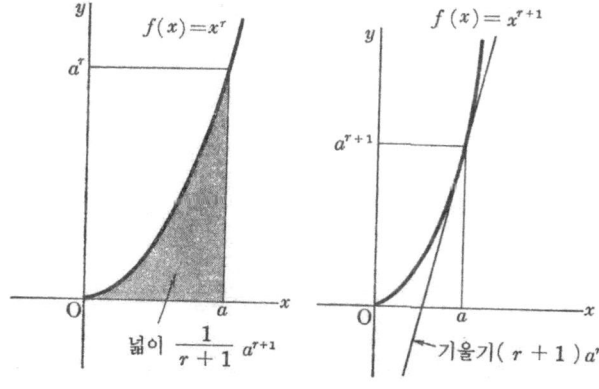

$0 < r < 1$

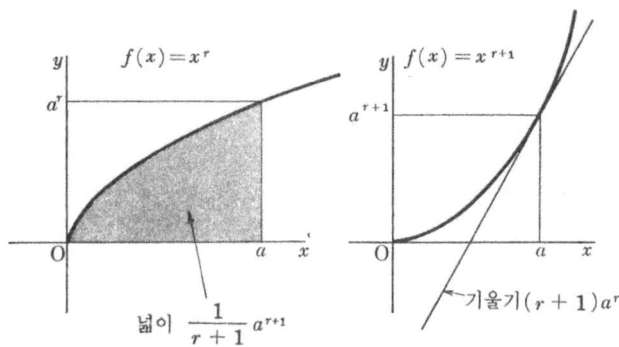

무언가 있을 것 같기는커녕 이것이야말로 미분·적분의 내부 세계이다. 미분과 적분의 도킹(docking)이다.

알기 쉽게 설명하자.

x의 함수 $f(x)$는 단조로운 증가로 하나의 연결인 그래프를 갖는 것으로 한다.

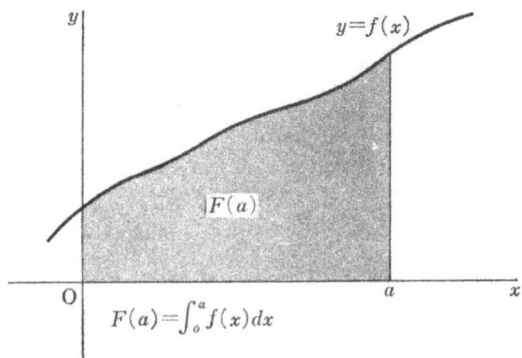

제 1 화에서 언급한 것처럼

곡선 $y=f(x)$ x축, y축, 직선 $x=a$

로 에워싸인 도형은 넓이 확정이다. 그 넓이를 $F(a)$라 한다. 직선 $x=a$를 여러 가지로 잡으면 각각 $F(a)$의 값이 결정된다. 넓이함수이다.

$$F(x)=\int_0^x f(t)dt$$

넓이함수 $F(x)$는(이 그림의 경우에는) 넓이를 나타내고 있는 것이므로 x와 함께 증가한다.

$s<a<t$라면 $F(s)<F(a)<F(t)$

이다.

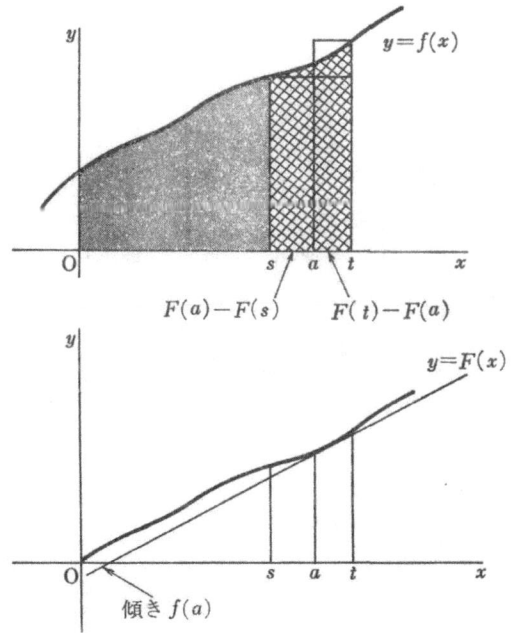

x의 함수 $F(x)$의 $x=a$에 있어서의 미분계수 $F'(a)$는 넓이를 구하기 위해 준비한 함수 $y=f(x)$의 $x=a$에 있어서의 값 $f(a)$이다.

$$F'(a)=f(a)$$

정말일까. 조사해 보자.
함수 $F(x)$에 대해서 $x=a$의 부근에서의 상태를 보기로 한다.
$s<a<t$ 라 하면

$$F(a)-F(s), F(t)-F(a)$$

는 각각 곡선 $y=f(x)$에 관한 넓이를 나타내고 있다.
아래의 그림에서 알 수 있는 것처럼

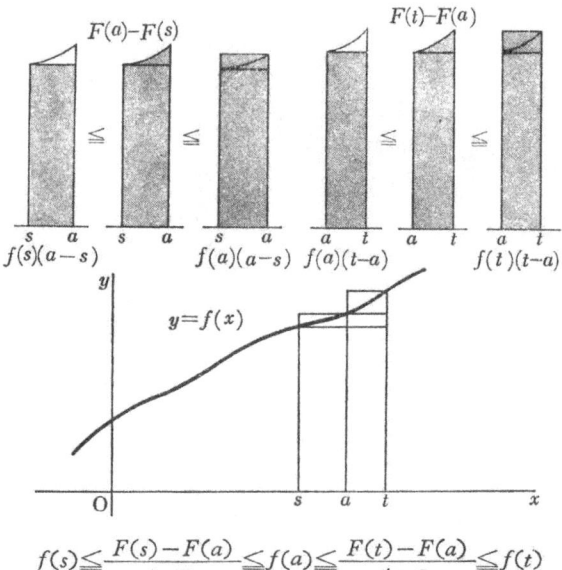

$$f(s) \leq \frac{F(s)-F(a)}{s-a} \leq f(a) \leq \frac{F(t)-F(a)}{t-a} \leq f(t)$$

$s < a < t$ 일 때 부등식

$$f(s)(a-s) \leq F(a) - F(s) \leq f(a)(a-s)$$
$$f(a)(t-a) \leq F(t) - F(a) \leq f(t)(t-a)$$

가 성립한다. 이것으로부터 부등식

$$f(s) \leq \frac{F(s) - F(a)}{s - a} \leq f(a) \leq \frac{F(t) - F(a)}{t - a} \leq f(t)$$

가 유도된다.

한가운데의 $f(a)$는 아래로부터 $f(s)$, 위로부터 $f(t)$로 끼워 넣어져 있다.

$s \to a, t \to a$ 일 때

$$f(s) \to f(a), \ f(t) \to f(a)$$

이므로

$$\frac{F(s) - F(a)}{s - a} \longrightarrow f(a) \longleftarrow \frac{F(t) - F(a)}{t - a}$$

즉

$$F'(a) = f(a)$$

이다.

정리하면 :

함수 $f(x)$의 넓이함수를 $F(x)$라 할 때

$$F'(a) = f(a)$$

이다.

$$F(x) = \int_0^x f(t)dt \Longrightarrow F'(a) = f(a)$$

위의 관계에서 $f(x)$가 양이고 단조로운 증가, 하나의 연결인 그래프를 갖는 경우를 말끔히 조사하였다.

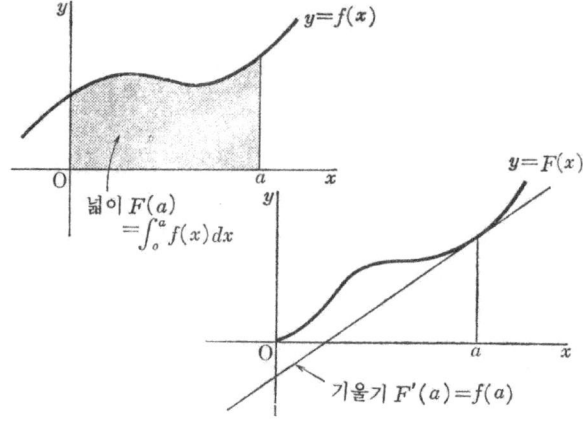

정적분의 공식

$$\int_0^a x^r dx = \frac{1}{r+1} a^{r+1}$$

은 이미 제 1 화에서 언급하였다. 다만 $r > 0$
따라서 양변을 $r+1$배 하여

$$\int_0^a (r+1)x^r dx = a^{r+1}$$

이다. 바꿔 말하면 $r > 0$일 때

$f(x)=(r+1)x^r$의 넓이함수는 $F(x)=x^{r+1}$

이다. 따라서

$F(x)=x^{r+1}$일 때 $F'(a)=(r+1)a^r$

이 된다.

이것은 $p>1$일 때

$$\frac{t^p-a^p}{t-a} \xrightarrow[(t\to a)]{} pa^{p-1}$$

을 의미하고 있다.

함수 $f(x)$가 하나의 연결인 그래프를 갖는 경우에 정적분 $\int_a^b f(x)dx$가 결정되는 것은 제1화에서 언급하였다. 이때에도 넓이함수를

$$F(x)=\int_a^x f(t)dt$$

로 결정하면

$F'(c)=f(c)$

가 성립한다.

$f(x)=\dfrac{1}{x}$의 넓이함수 $L(x)$

$y=\dfrac{1}{x}$의 그래프는 우리가 알고 있는 직각쌍곡선이다.

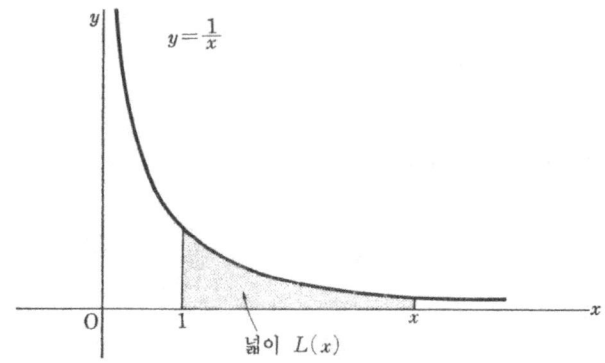

$$L(x) = \int_1^x \frac{1}{t} dt$$

라 둔다. $x>1$일 때는 직각쌍곡선의 1에서 x까지의 넓이다. $0<x<1$일 때는 넓이에 마이너스의 부호가 붙는다. 또 $L(1)=0$이다.

넓이함수의 일반론에서 $L(x)$의 미분계수가 결정되고 그것은

$$L'(a) = \frac{1}{a}$$

이다.

$x>0$일 때 $f(x)=\frac{1}{x}>0$이므로 $L(x)$는 단조로운 증가이다. 이 함수 $L(x)$는

$$L(ab) = L(a) + L(b)$$

라는 두드러진 성질을 갖고 있다.
이것을 확인하자.

제 2 화 접선:미분계수에서 미적분의 본질로   145

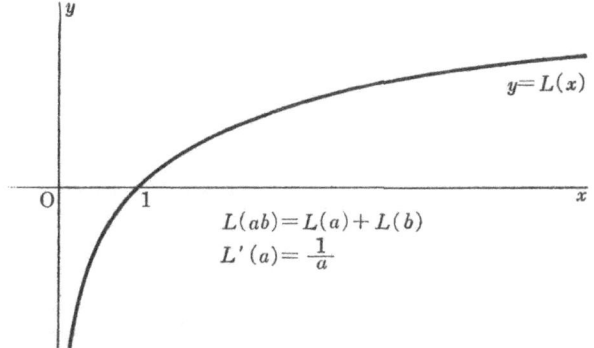

$$L(ab)-L(b)=\int_1^{ab}\frac{1}{x}dx-\int_1^{b}\frac{1}{x}dx=\int_b^{ab}\frac{1}{x}dx$$

이다. 이 정적분을 결정하는 직각사각형 도형을 생각해 보자.

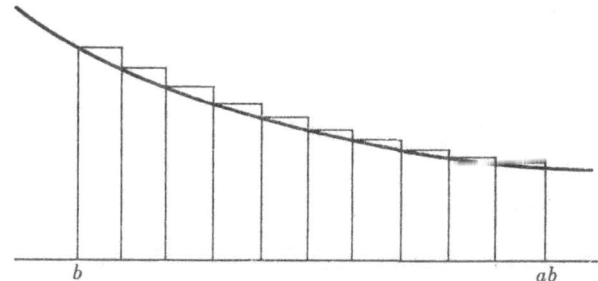

b에서 ab까지를 n등분 한다. 분점(分点)을

$$x_0(=b),\ x_1,\ \cdots\cdots,\ x_k,\ \cdots\cdots,\ x_n(=ab)$$

라 한다.

$$\Delta x = x_k - x_{k-1} = \frac{ab-b}{n} = b\frac{a-1}{n}$$

$$x_k = b + k\left(\frac{ab-b}{n}\right) = b\left(1 + k\frac{a-1}{n}\right)$$

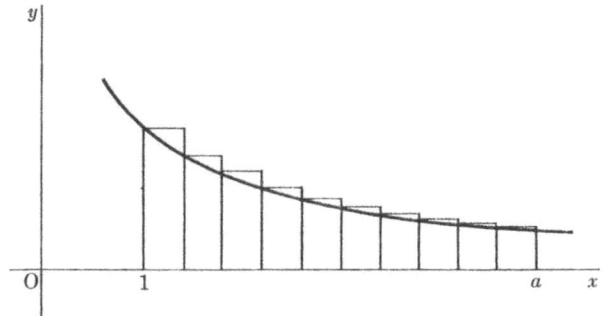

직각사각형도형의 넓이(위쪽 직각사각형)은

$$\sum_{k=0}^{n-1} \frac{1}{b\left(1+k\frac{a-1}{n}\right)} \Delta x$$

$$= \sum_{k=0}^{n-1} \frac{1}{1+k\frac{a-1}{n}} \cdot \frac{a-1}{n}$$

이 돼서 b가 없어져 버렸다.

이 결과를 잘 보면 $f(x) = \frac{1}{x}$에 대한 1에서 a까지의 직사각형도형의 넓이로 되어 있다. $n \to \infty$라 하면 $L(a)$가 된다.

따라서

$$L(ab) - L(b) = L(a)$$

즉

$$L(ab) = L(a) + L(b)$$

가 성립한다.

$L(x)$의 역함수 $E(x)$

$f(x)=\dfrac{1}{x}$의 넓이함수 $L(x)$의 그래프와 직선 $y=x$에 관해서 선대칭인 평면곡선을 생각한다.

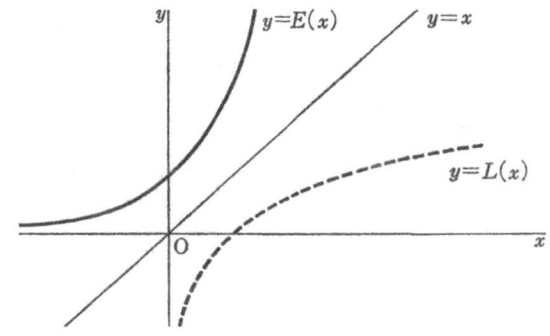

이 평면곡선을 그래프로 하는 함수를 $y=E(x)$라 한다. $E(x)$는 $L(x)$의 이른바 역함수이다.

$y=L(x)$와 $y=E(x)$의 그래프는 직선 $y=x$에 관해서 선대칭이므로

$$a=L(a) \Longleftrightarrow a=E(a)$$

가 된다.

$y=E(x)$의 $x=a$에 있어서의 미분계수 $E'(a)$는 어떻게 될까.

$E'(a)$는 $E(a)=a$라 하면 점(a, a)에 있어서의 곡선 $y=E(x)$의 접선의 기울기이다.

그런데 2개의 곡선 $y=E(x)$와 $y=L(x)$가 직선 $y=x$에 관한 선대칭이라는 것으로부터 아래의 도식처럼 대응하고 있는 것에 주의하기 바란다.

$$E(x) \longleftrightarrow L(x)$$
$$a=E(\alpha) \longleftrightarrow \alpha=L(a)$$
점 (α, a)에서의 접선 $\longleftrightarrow$ 점(a, α)에서의 접선
$$E'(\alpha)=\boxed{} \longleftrightarrow L'(a)=\frac{1}{a}$$

위의 $\boxed{}$의 부분이 문제이다.

앞에서 x^n과 $\sqrt[n]{x}$에 대해서 생각한 것이기도 하지만

$$E'(\alpha) \text{는 } L'(a) \text{의 역수}$$

가 된다. 즉

$$E'(\alpha) = \frac{1}{L'(a)} = a = E(\alpha)$$

$$E'(\alpha) = E(\alpha)$$

$E(x)$의 $x=\alpha$에 있어서의 미분 계수는 $E(\alpha)$!

$E(x)$는 $x=\alpha$에 있어서의 미분계수 $E'(\alpha)$가 $x=\alpha$에 있어서의 함수값 $E(\alpha)$라는 불가사의한 함수이다.

$f(x)=\dfrac{1}{x}$의 넓이함수 $L(x)$에 대해서는 등식

$$L(ab)=L(a)+L(b)$$

가 성립하였다. $E(x)$에 대해서는 어떠할까? 직선 $y=x$에 관한 대칭성에 착안하면서 대비해 보자.

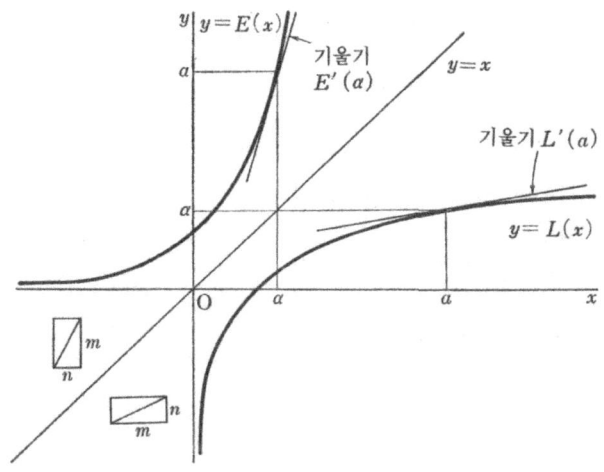

$$
\begin{array}{ll}
E(x) & L(x) \\
a = E(\alpha) \longleftrightarrow & \alpha = L(a) \\
b = E(\beta) \longleftrightarrow & \beta = L(b) \\
ab = E(\alpha+\beta) \longleftrightarrow & \alpha+\beta = L(ab) \\
\quad\downarrow & \quad\downarrow \\
E(\alpha+\beta)=E(\alpha)E(\beta) & L(ab)=L(a)+L(b)
\end{array}
$$

따라서 $E(x)$에 대해서는 등식

$$E(\alpha+\beta)=E(\alpha)E(\beta)$$

가 성립한다.

이 등식으로부터

$$E\left(\frac{n}{m}\right)=E(1)^{\frac{n}{m}}$$

이 유도된다. S군 어떠한가?

> 먼저 위의 등식을 사용해서
>
> $$E(2a)=E(a)E(a)=E(a)^2$$
> $$E(3a)=E(2a)E(a)=E(a)^3$$
>
> 마찬가지로 반복해서
>
> $$E(ka)=E(a)^k$$
>
> 이 성립한다.
> $a=\dfrac{n}{m}$, $k=m$ 이라 두면
>
> $$E(n)=E\left(\dfrac{n}{m}\right)^m$$
>
> 한편 $a=1$, $k=n$ 이라 두면
>
> $$E(n)=E(1)^n$$
>
> 따라서
>
> $$E\left(\dfrac{n}{m}\right)^m=\Big(E(1)\Big)^m$$
>
> 그러므로
>
> $$E\left(\dfrac{n}{m}\right)=E(1)^{\frac{n}{m}} \qquad \text{Q.E.D.}$$

일반적으로 x가 실수일 때

$$E(x) = (E(1))^x$$

이 된다.

$E(x)$의 $x=1$에 있어서의 값 $E(1)$은 실은 제 1 화의 70페이지에서 언급한 e이다.

$$E(1) = e \quad E(x) = e^x$$

그리고 $L(x)$는 보통 $\log x$라 적는다.

$$L(x) = \log x, \; L(e) = 1$$

각각 지수함수, 로그함수라 일컬어지고 있다.

로그함수	지수함수
$L(x) = \log x$	$E(x) = e^x$
$\alpha = \log a$	$a = e^\alpha$
$\log ab = \log a + \log b$	$e^{\alpha+\beta} = e^\alpha e^\beta$
$L'(u) = \dfrac{1}{a}$	$E'(\alpha) = e^\alpha$

도함수와 원시함수

매끄러운 곡선을 그래프로서 갖는 함수 $f(x)$에 대해서 생각한다. 그 그래프인 곡선 $y = f(x)$ 상의 어떤 점에서도 접선을 그을 수 있다. 그 기울기가 미분계수였다. 즉

$$x = a \to \text{점}(a, f(a)) \to \text{접선} \to \text{기울기} \; f'(a)$$

라는 순서로 a에서 $f'(a)$가 결정된다. a에 있어서의 미분계

수 $f'(a)$는 a의 함수라 할 수 있다. 함수답게 a를 x로 대체해서 $f'(x)$로 나타내자. $f'(x)$를 $f(x)$의 도함수라 한다. 그리고 함수 $f(x)$에서 그 도함수 $f'(x)$를 유도하는 조작을 미분한다라고 말한다.

$f'(a)$가 어떻게 해서 결정되었는가를 상기하기 바란다.
$f'(x)$는:

$$\frac{f(t)-f(x)}{t-x} \xrightarrow[(t \to x)]{} f'(x)$$

또는 같은 것이지만

$$\frac{f(x+h)-f(x)}{h} \xrightarrow[(h \to 0)]{} f'(x)$$

라는 극한값이었다. 이 조작이 미분한다라는 행위이다.

$y=f(x)$의 도함수 $y=f'(x)$를 나타내는 기호는 여러 가지 있다. 이외에

$$\frac{dy}{dx}, \frac{d}{dx}f(x), (f(x))'$$

등 이다.

$f'(x)$가 x의 변화 $\Delta x = t-x$에 대한 y의 변화 $\Delta y = f(t) - f(x)$의 비 $\frac{\Delta y}{\Delta x}$의 극한값이라는 것을 제1의 기호는 나타내고 있다. 제2, 제3의 기호는 $f(x)$에 미분한다는 조작

$$\frac{d}{dx}, (\ )'$$

제2화 접선:미분계수에서 미적분의 본질로 *153*

를 시행하는 것을 나타내고 있는 것이다.

　기호에 대한 것은 여하간에 이제까지 구한 미분계수를 도함수로서 고쳐 적으면

$$\frac{d}{dx}x^r = rx^{r-1}, \quad \frac{d}{dx}\log x = \frac{1}{x}, \quad \frac{d}{dx}e^x = e^x$$

함수의 콘스탄트배(倍)나 2개의 함수의 합의 미분에 대해서는 공식

$$(mf(x))' = mf'(x)$$

　　m배의 도함수는 도함수의 m배

$$(f(x)+g(x))' = f'(x)+g'(x)$$

　　합의 도함수는 도함수의 합

이 성립한다. 그것은

$$\frac{mf(t)-mf(x)}{t-x} = m\frac{f(t)-f(x)}{t-x}$$
$$\downarrow \quad (t \to x) \quad \downarrow$$
$$(mf(x))' = mf'(x)$$

$$\frac{f(t)+g(t)-(f(x)+g(x))}{t-x} = \frac{f(t)-f(x)}{t-x} + \frac{g(t)-g(x)}{t-x}$$
$$\downarrow \quad (t \to x) \quad \downarrow \quad\quad \downarrow$$
$$(f(x)+g(x))' = f'(x) + g'(x)$$

이므로 거의 분명하다고 해도 될 것이다.

　이들의 공식은 예컨대

$$\frac{d}{dx}(mx^2+nx) = \frac{d}{dx}(mx^2) + \frac{d}{dx}(nx)$$
$$= m\frac{d}{dx}x^2 + n\frac{d}{dx}x$$
$$= 2mx + n$$

과 같이 기능을 한다.

이 밖에 미분에 대해서 여러 가지 공식이 있지만 미·적분의 책, 예컨대 고교의 교과서라도 보기 바란다. 이 책에서 필요한 공식은 그때마다 확인하여 갈 작정이다.

그런데 함수 $f(x)$에 대해서 제 1 화에서 그 넓이함수 $F(x)$를 생각하였다.

$$F(x) = \int_a^x f(t)dt$$

$F(x)$의 $x=c$에 있어서의 미분계수 $F'(c)$는

$$F'(c) = f(c)$$

라는 것도 보아왔다.

이것은 넓이함수 $F(x)$를 미분하면 원래대로 되돌아 가는 것을 보여주고 있다 :

$$F'(x) = f(x)$$

즉

$f(x)$의 넓이함수 $F(x)$의 도함수는 $f(x)$

라는 것이 된다. 로그함수 $L(x)=\log x$는 처음에 $f(x)=\dfrac{1}{x}$을 생각해서 그 넓이함수

$$L(x)=\int_1^x \frac{1}{t}dt$$

에 의해서 결정된 것이었다.

일반적으로 함수 $f(x)$에 대해서 $f(x)$를 도함수로 하는 함수 $F(x)$ 즉

$$F'(x)=f(x)$$

인 $F(x)$를 $f(x)$의 원̇시̇함̇수̇라 한다. 넓이함수는 하나의 원시함수이다. 원시함수를 구하는 것은 미분하는 조작의 역조작이다. 이 행위를 적̇분̇한̇다̇고 말한다. 미분과 적분의 사이에는 아

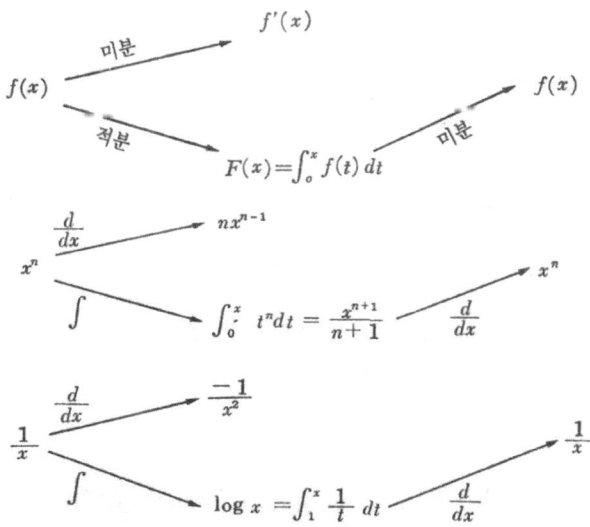

래의 도식이 성립한다.

함수 $f(x)$가 주어졌을 때 그 넓이함수 $F(x)$는 확실히 원시함수의 하나이다. 그런데 예컨대 x^2에 대해서

$$\int_0^x t^2 dt = \int_0^1 t^2 dt + \int_1^x t^2 dt$$

이므로 미분하면 $\int_0^1 t^2 dt$는 콘스탄트이므로 없어져서 똑같게 된다 :

$$\frac{d}{dx}\int_0^x t^2 dt = \frac{d}{dx}\int_1^x t^2 dt (=x^2)$$

$\int_0^x t^2 dt$도 $\int_1^x t^2 dt$도 함께 x^2의 원시함수이다. 다만 양자의 차이는 콘스탄트이다. x^2의 원시함수는 적어도 2개 있다.

하나의 함수 $f(x)$의 원시함수는 더 많이 있다. 그 상태를 분명히 하자.

2개의 함수 $F(x)$, $G(x)$가 함께 함수 $f(x)$의 원시함수라고 한다 :

$$F'(x) = f(x) \qquad G'(x) = f(x)$$

이때 $F(x)$와 $G(x)$의 차에 대해서

$$(F(x) - G(x))' = F'(x) - G'(x)$$
$$= f(x) - f(x) = 0$$

가 된다. 즉

$f(x)$의 2개의 원시함수 $F(x)$, $G(x)$의 차

$F(x)-G(x)$의 도함수는 0

이라는 것이 된다.

그런데 콘스탄트함수의 도함수는 0

$$h(x)=c \text{라면 } h'(x)=0$$

이었다. 이 명제의 역

$$h'(x)=0 \text{이라면 } h(x) \text{ 콘스탄트}$$

가 성립한다.

일견 당연한 것 같지만 이 사실 '$h'(x)=0$이라면 $h(x)$는 콘스탄트'의 엄밀한 증명은 아주 큰 일이다. 수에 대한 상세한 이론을 사용하는 것이다. 여기서는 이 사실을 인정하기로 한다. 즉 다음의 관계

$$h(x)=\text{const.} \iff h'(x)=0$$

을 용인한다.

그렇게 하면

$f(x)$의 2개의 원시함수 $F(x)$, $G(x)$의 차

$F(x)-G(x)$는 콘스탄트

$$\left.\begin{array}{l} F'(x)=f(x) \\ G'(x)=f(x) \end{array}\right\} \Rightarrow (F(x)-G(x))'=0$$

$$\Rightarrow F(x)-G(x)=\text{const.}$$

가 된다.

함수 $f(x)$의 원시함수는 하나가 아니고 많이 있지만 2개의 원시함수의 차는 콘스탄트, 즉 $F(x)$를 원시함수의 하나라 하면 그 밖의 원시함수는 모두

$$F(x)+C$$

의 형태로 나타낼 수 있게 된다.

함수 $f(x)$의 넓이함수

$$\int_a^x f(t)dt$$

는 원시함수의 하나였다. 따라서 $F(x)$가 $f(x)$의 원시함수라면

$$F(x) = \int_a^x f(t)dt + C \qquad (*)$$

가 된다.

여기서 $x=a$라 하면

$$\int_a^a f(t)dt = 0$$

이므로

$$F(a) = C$$

가 돼서 콘스탄트가 결정된다.

따라서

$$\int_a^x f(t)dt = F(x) - F(a)$$

특히 a에서 b까지의 정적분은

$$\int_a^b f(t)dt = F(b) - F(a)$$

라 나타낼 수 있다.

원시함수는 이처럼 정적분·넓이함수와 밀접한 관계에 있다. 따라서 부정적분이라고도 불리고 있다.

이상으로 미분과 적분의 가역적(可逆的)인 대응이 분명해졌을 것으로 생각한다.

정리하면

$$f(x) \xrightarrow{\frac{d}{dx}} f'(x) \xrightarrow{\int} \int_a^x f'(t)dt + C$$

$$f(x) \xrightarrow{\int} \left\{ \begin{array}{l} \int_a^x f(t)dt \\ \int_a^x f(t)dt + C \end{array} \right\} \xrightarrow{\frac{d}{dx}} f(x)$$

$F'(x) = f(x)$ 라면 $\int_a^b f(x)dx = F(b) - F(a)$

$\dfrac{d}{dx}\left(\int_a^x f(t)dt\right) = f(x)$

$f(x) = \int_a^x f'(t)dt + f(a)$

이들의 명제를 **미분적분학의 기본정리**라 한다.
상당히 어려워졌기 때문에 이 부근에서 조금 화제를 바꾸자.

점의 운동

먼저 홈런의 궤도에 대해서 생각하자. 실제문제로서는 공은 때린 순간 다음부터는 바람에 날리거나 공의 회전에 의해서 굽거나 공기의 저항에 의해서 매우 복잡하게 3차원적으로 게다가 여러 가지 요인에 따라서 날아가는 것이다.

이것을 이상화하여 또는 현실의 근사로서 쳐올린 방향과 속도만을 생각하고 나머지는 바람 부는대로 내맡기는 것이 아니라 지구의 중력에 맡겨서 공이 날아가는 것으로 생각하자. 즉 홈 베이스의 부분을 원점으로 잡고 생각하여 때린 순간의 속도, 초속(初速) v_0를 (a, b)라 하고 공기의 저항을 무시하여 2차원적으로 생각한다.

초속 v_0의 수평성분이 a, 연직(鉛直)성분이 b, 크기가 $|v_0|$ $=\sqrt{a^2+b^2}$ 이라는 것이다. 단위는 미터와 초로 해둔다.

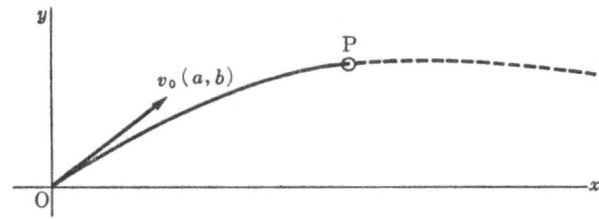

타구(打球)는 중력의 영향에 따라 연직방향의 속도변화를 하면서 날아간다. 이때 t초 후의 타구의 위치는

$$P(x, y) : \begin{cases} x = at \\ y = bt - \dfrac{1}{2}gt^2 \end{cases}$$

으로 나타낼 수 있다. y좌표의 제2항이 중력의 영향의 항이다. g는 $9.8(m/s^2)$이라는 상수이다.

위의 2개의 식에서 t를 소거(消去)해 보면

$$y = \frac{b}{a}x - \frac{1}{2a^2}gx^2$$

이 되고 y는 x의 2차함수가 된다. 타구의 궤도는 포물선이다.

타구가 펜스(fence)를 넘어서 스탠드에 들어가는 것은 $y=0$이라 하여

그 시각은 $t = \dfrac{2b}{g}$

그 수평거리는 $x = \dfrac{2ab}{g}$

가 된다.

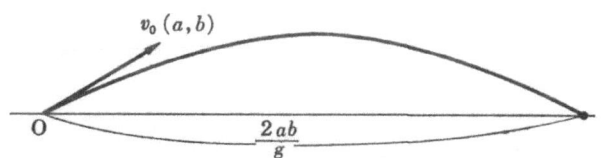

초석 v_0의 크기 $|v_0|$가 일정, 즉 $a^2 + b^2$이 일정할 때 수평비거리가 최대가 되는 것은 $2ab$와 a^2+b^2을 비교해서

$$2ab \leq a^2 + b^2 \qquad (\text{등호는 } a=b \text{일 때})$$

이므로 $a=b$의 방향, 즉 $45°$의 방향으로 쳐올렸을 때이다.

$45°$의 방향으로 쳐올렸다고 하면, 즉 $a=b$라 하면 120미터의 큰 홈런의 초속의 크기는 어떻게 될까.

$$\frac{2a^2}{g}=120 \qquad |v_0|=\sqrt{2a^2}$$

이므로

$$|v_0|=\sqrt{9.8\times120}≒34.3(m/s)$$

가 된다. 이것은 km/시로 고치면

123.48(km/시)

이다. 텔레비전의 화면에서 나오는 투수의 구속을 회상하기 바란다. 공기의 저항이나 바람을 생각하면 임팩트의 순간의 속도는 굉장한 것이 필요해질 것이다.

그런데 일반적으로 1점 P가 평면 상을 운동하고 있을 때 시각 t에 있어서의 P의 위치 $P(t)$는 x좌표, y좌표 모두 t의 함수이다. 지금 이것을

$$P(t): \begin{cases} x=f(t) \\ y=g(t) \end{cases}$$

라 나타내자. 시각 t의 변화에 수반해서 평면 상에 점 $(f(t), g(t))$를 잡아가면 하나의 곡선이 그려진다. 이 곡선이 점 P의 궤도이다.

제2화 접선:미분계수에서 미적분의 본질로   163

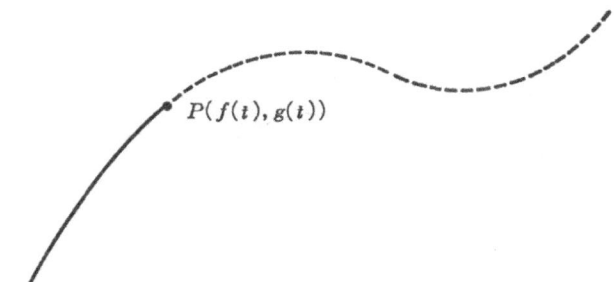

위치의 변화의 시간에 대한 비가 속도이다. 시각 t에서 $t+h$까지의 위치의 변화의 시간차 h에 대한 비는

x방향에서 $\dfrac{f(t+h)-f(t)}{h}$

y방향에서 $\dfrac{g(t+h)-g(t)}{h}$

이고 각각의 방향의 평균속도이다. h를 끝없이 0으로 접근시켰을 때의 극한값, 즉

$f'(t), g'(t)$

가 시각 t에 있어서의 속도의 x성분, y성분이다. 이것을 쌍으로 하여

$v(t) : (f'(t), g'(t))$

를 시각 t에 있어서의 속도(속도벡터)라 한다. 속도 $v(t)$의 크기는

$|v(t)| = \sqrt{f'(t)^2 + g'(t)^2}$

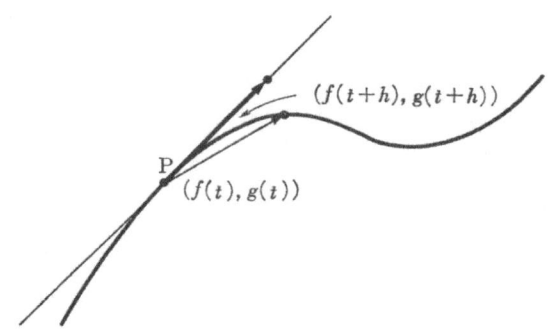

이다. 속도의 방향은 궤도곡선의 점 P에 있어서의 접선의 방향이다.

속도의 시간에 대한 변화율, 즉 $f'(t)$, $g'(t)$를 다시 한 번 미분한 $f''(t)$, $g''(t)$를 쌍으로 하여

$$a(t) : (f''(t), g''(t))$$

를 시각 t에 있어서의 가속도(가속도 벡터)라 한다.

위치	$P(t)$	$(f(t), g(t))$
속도	$v(t)$	$(f'(t), g'(t))$
가속도	$a(t)$	$(f''(t), g''(t))$

처음에 언급한 홈런의 궤도에 대해서는

$$f(t)=at \qquad g(t)=bt-\frac{1}{2}gt^2$$

이므로 속도는 $f(t)$, $g(t)$를 미분하여

$$v(t) : (a, b-gt)$$

이다. $v(0) : (a, b)$가 바로 초속이다.

또 가속도는

$$a(t) : (0, -g)$$

가 된다. 즉

$$\begin{cases} f''(t) = 0 \\ g''(t) = -g \end{cases}$$

이지만 이것이 '가속도는 힘에 비례한다'라는 뉴턴의 운동의 법칙의 홈런판(版)이다. 이것으로부터 역으로

출발점은 원점 : $f(0)=0$, $g(0)=0$
초속은 : $f'(0)=a$, $g'(0)=b$

를 사용해서 $f(t)$, $g(t)$를 구한 것이 실은 처음의 홈런의 궤도의 식이다.

타구가 착지하는 시각은 $t = \dfrac{2b}{g}$였으나 이때의 속도는

$$v\left(\dfrac{2b}{g}\right) : (a, -b)$$

가 돼서 그 크기는 초속의 크기와 변화가 없다. 공기의 저항으로 속도는 둔화할 것이지만 홈런이나 파울에 손을 내미는 것은 매우 위험하다.

등속 원운동

원점을 중심으로 하고 반지름 1인 원둘레 위를 회전하는

점의 운동에 대해서 생각하자.

점 P는 점 $A(1, 0)$을 출발하여 반시계방향의 회전방법으로 일정한 속도로 회전하고 있는 것이라 한다. 그 속도는 2π(초) (원둘레의 길이)로 꼭 한 바퀴 돌고 회전을 계속하는 것이라 한다. 시각 t에 있어서의 점 P의 위치를 $P(t)$라 하면 $P(0)=A$, $P(2\pi)=A$가 된다. 그리고 A에서 좌회전으로 측정한 원호의 길이가 t가 된다. $t=\overset{\frown}{AP}(t)$라 해도 되지만 t가 π 이상, 거듭 2π 이상일 때는 도형으로서의 호의 길이를 조금 확장해서 생각하지 않으면 안된다.

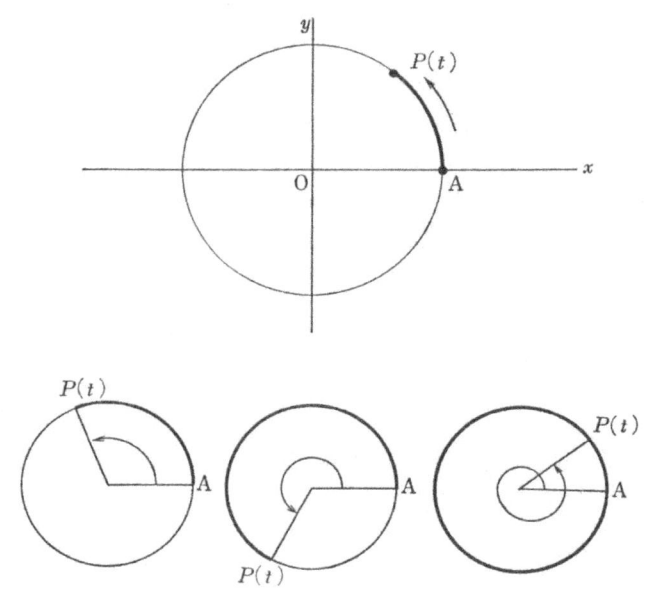

이 점의 운동에서는 2π(초)로 한바퀴 도는 것이므로 점의 위치는 2π를 주기로 하여 같아진다.

$$P(t+\pi)=P(t)$$

시각 t에 있어서의 $P(t)$의 좌표는 t의 함수이고

$$P(t) : (\cos t, \sin t)$$

가 된다. 이것이 다름 아닌 코사인 t, 사인 t의 정의 바로 그것이다.

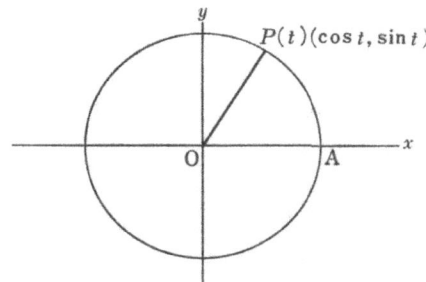

운동의 주기성 $P(t+2\pi)=P(t)$로부터

$$\cos(t+2\pi)=\cos t, \quad \sin(t+2\pi)=\sin t$$

가 된다. 코사인, 사인은 2π를 주기로 하는 주기함수이다.
또 $P(t)$ 단위원둘레 상의 점이라는 것으로부터

$$(\cos t)^2 + (\sin t)^2 = 1$$

이 된다. $(\cos t)^2$, $(\sin t)^2$을 보통 $\cos^2 t$, $\sin^2 t$라 적는다.

$x=\cos t$, $y=\sin t$의 그래프는 다음 페이지의 그림처럼 된다. 그리는 방법을 생각해 보기 바란다.

그림을 바라보고

$$\sin\left(t+\frac{\pi}{2}\right)=\cos t, \quad \cos\left(t+\frac{\pi}{2}\right)=-\sin t$$

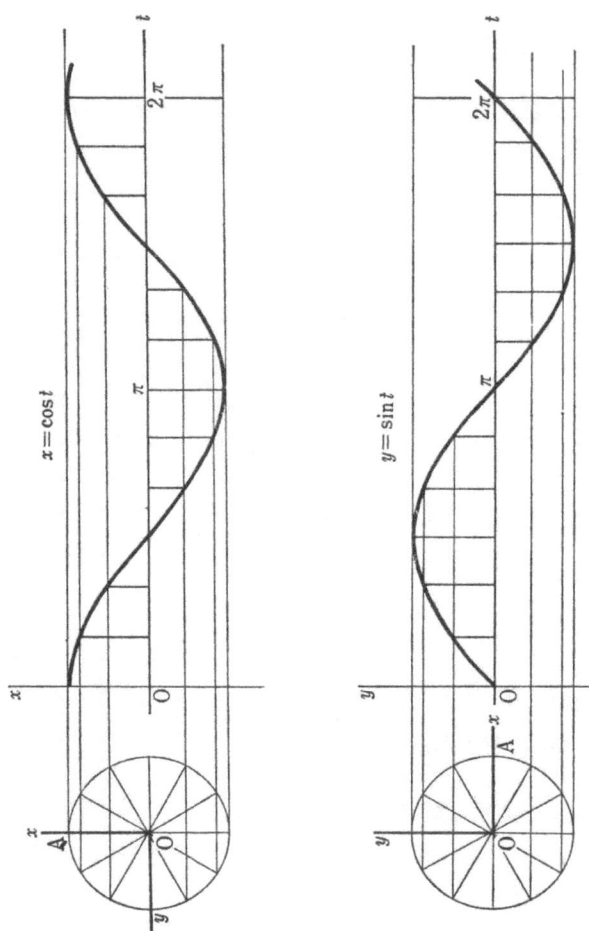

제2화 접선:미분계수에서 미적분의 본질로 *169*

라는 것을 알 수 있다. 이것은 $P(t)$와 $P\left(t+\dfrac{\pi}{2}\right)$의 위치로부터도 알 수 있다.

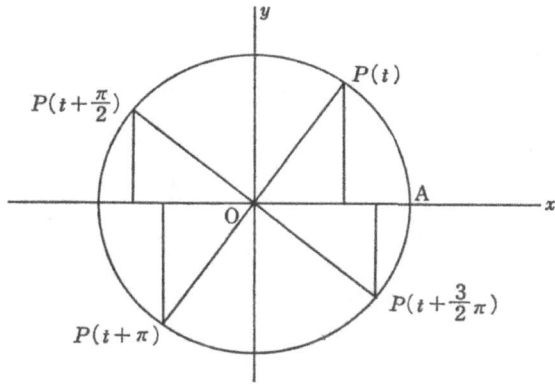

$P(t)$: $(\cos t, \sin t)$

$\cos\left(t+\dfrac{\pi}{2}\right) = -\sin t,\quad \sin\left(t+\dfrac{\pi}{2}\right) = \cos t$

$\cos(t+\pi) = -\cos t,\quad \sin(t+\pi) = -\sin t$

$\cos\left(t+\dfrac{3}{2}\pi\right) = \sin t,\quad \sin\left(t+\dfrac{3}{2}\pi\right) = -\cos t$

$\cos(t+2\pi) = \cos t,\quad \sin(t+2\pi) = \sin t$

사인, 코사인에는 더 여러 가지 공식이 있지만 고교의 교과서 등을 보기 바란다.

그러면 이 운동의 속도를 구해 보자. t(초)간에 호의 길이 t 만큼 진행하는 것이므로 속도의 크기는 1이다. 그리고 속도의 방향은 점 $P(t)$에 있어서의 원의 접선의 방향이다.

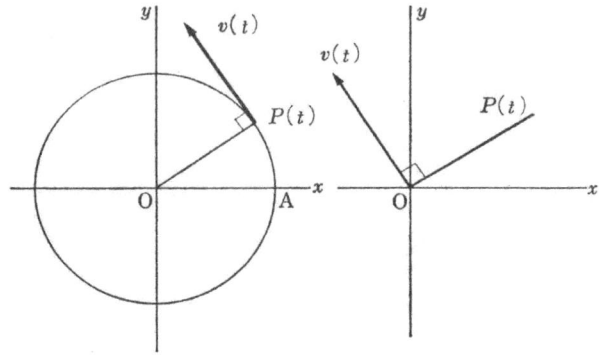

따라서

$$v(t) : (-\sin t, \cos t)$$

가 된다. 즉

$$\frac{d}{dt}\cos t = -\sin t \qquad \frac{d}{dt}\sin t = \cos t$$

이다. 미분의 정의로 되돌아 가면

$$\theta \longrightarrow t \text{ 일 때}$$

$$\frac{\cos\theta - \cos t}{\theta - t} \longrightarrow -\sin t, \quad \frac{\sin\theta - \sin t}{\theta - t} \longrightarrow \cos t$$

를 의미하고 있다.

특히 $t=0$일 때

$$\frac{\cos\theta - 1}{\theta} \xrightarrow[(\theta \to 0)]{} 0, \quad \frac{\sin\theta}{\theta} \xrightarrow[(\theta \to 0)]{} 1$$

이 된다. 후자는 사인 커브의 원점에 있어서의 접선의 기울기가 1이라는 것을 의미하고 있다.

가속도는 어떻게 될까. 속도의 각 성분을 미분하면 되는 것이므로

$$a(t) : (-\cos t, -\sin t)$$

가 된다.

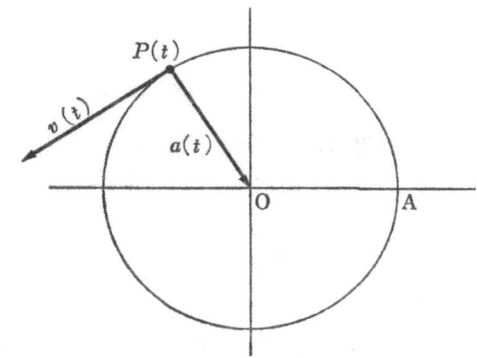

$P(t) : (\cos t, \sin t)$
$v(t) : (-\sin t, \cos t)$
$a(t) : (-\cos t, -\sin t)$

가속도의 방향은 $P(t)$에서 중심으로 향하고 있다. 이 운동에서는 구심력이 작용하고 있는 것이 된다.

가속도를 조사한 바에 따라

$$(\cos t)'' = -\cos t, \ (\sin t)'' = -\sin t$$

라는 것을 알 수 있다. 코사인도 사인도 2회 미분하면 부호가 바뀌는 함수, 즉

$$f''(t) = -f(t)$$

를 만족시키고 있다. 이러한 함수 중

  $f(0)=1$, $f'(0)=0$인 것이 $\cos t$
  $f(0)=0$, $f'(0)=1$인 것이 $\sin t$

이다.

$f''(t) = -f(t)$처럼 도함수의 관계를 부여하고 그 함수를 구하는 것이 미분방정식의 문제이다. $f(0)=1$, $f'(0)=0$과 같은 조건을 초기조건이라 한다.

  미분방정식 $f''(t) = -f(t)$
  초기조건
    $f(0)=1$, $f'(0)=0$의 풀이가 $f(t)=\cos t$
    $f(0)=0$, $f'(0)=1$의 풀이가 $f(t)=\sin t$

라는 것이다.

$f(t) = a\cos t + b\sin t$라 두어 본다. 미분해 보면

$$f'(t) = -a\sin t + b\cos t$$
$$f''(t) = -a\cos t - b\sin t$$

그러므로

$$f''(t) = -f(t)$$

즉 $f(t)=a\cos t+b\sin t$ 도 이 미분방정식을 만족하고 있다. 그리고 이 $f(t)$는

$$f(0)=a, \ f'(0)=b$$

이므로

　　미분방정식 $f''(t)=-f(t)$
　　초기조건 $f(0)=a, \ f'(0)=b$ 의 풀이는
　　　　$f(t)=a\cos t+b\sin t$

가 된다.

코사인, 사인은 주기함수이므로 원운동뿐만 아니고 현의 진동 등 여러 가지 주기현상의 표현으로서 중요한 함수이다.

코사인, 사인의 도함수를 알았으므로 역으로 코사인, 사인의 원시함수, 정적분이 구해진다.

$(\cos t)' = -\sin t$	$(\sin t)' = \cos t$
$-\cos t$ 는 $\sin t$ 의 원시함수	$\sin t$ 는 $\cos t$ 의 원시함수
$\int_0^x \sin t dt = -\cos x + 1$	$\int_0^x \cos t dt = \sin x$

이제까지 여러 가지 함수가 만들어졌기 때문에 일람표로 정리해 두자.

$f(x)$	$f'(x)$	$f(x)$	$\int_a^b f(x)dx$
x^r	rx^{r-1}	x^r	$\dfrac{1}{r+1}(b^{r+1}-a^{r+1})$

$\log x$	$\dfrac{1}{x}$	$\dfrac{1}{x}$	$\log b - \log a$
e^x	e^x	e^x	$e^b - e^a$
$\cos x$	$-\sin x$	$\sin x$	$-\cos b + \cos a$
$\sin x$	$\cos x$	$\cos x$	$\sin b - \sin a$

미분방정식 $f'(x)=kf(x)$

전항에서 원운동과 관련하여 미분방정식 $f''(x)=-f(x)$ 가 나왔다. 여기서는 더 간단한 미분방정식

$$f'(x)=kf(x)$$

를 생각하자.

$x=a$ 에 있어서의 미분계수 $f'(a)$ 는 $x=a$ 에 있어서의 함수값의 변화의 상태를 가장 잘 나타내고 있는 수이다. 또 $f'(a)$ 는 곡선 $y=f(x)$ 의 점 $(a, f(a))$ 에서의 접선의 기울기였다.

$$f'(a)=kf(a)$$

라는 것은

변화율이 함수값에 비례한다.

는 것을 의미하고 있다.

$$\frac{f'(a)}{f(a)}$$

는 변화율 $f'(a)$ 의 현상(現狀) $f(a)$ 에 대한 비율이므로 상대변화율 또는 변화계수라고도 일컬어지고 있다. 그것이 일정

하다는 것이 미분방정식 $f'(x)=kf(x)$가 의미하는 것이다. 그래프로 생각하면 $f'(a)$가 접선의 기울기이므로

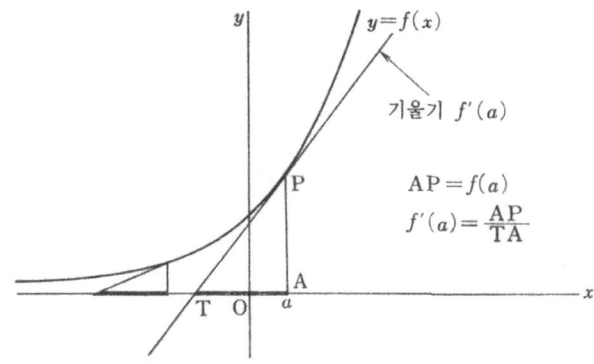

접선과 x축의 교점을 T라 하면

$$접선의\ 기울기\ \ f'(a)=\frac{AP}{TA}=\frac{1}{TA}f(a)$$

가 되므로 $TA=1/k$이 항상 일정하다는 것이 된다.

그런데 이 미분방정식 $f'(x)=kf(x)$를 만족하는 자연현상은 여러 가지 있다. 2, 3개의 예를 물리의 교과서에서 골라내 보자.

1) 방사능원소의 시각 t에 있어서의 원자 총수를 N이라 하면

$$\frac{dN}{dt}=-\lambda N$$

이고 λ를 방사능상수라 한다.

2) 물질내를 진행하는 빛은 흡수에 의하여 그 세기가 차츰 감소된다. 거리 x 만큼 통과 후의 세기를 I 라 하면

$$\frac{dI}{dx} = -\mu I$$

이고 μ 를 그 물질의 흡수계수라 한다.

3) 물체는 거의 모두 온도와 함께 팽창한다. 온도 t 일 때의 길이를 l 이라 하면

$$\frac{dl}{dt} = \beta l$$

이고 β 를 선팽창계수라 한다.

4) 기체의 부피 v 는 압력 p 에 반비례한다. 즉 $pv = \text{const.}$ 이고

$$K = \frac{1}{v}\frac{dv}{dp}\left(\frac{dv}{dp} = Kv\right)$$

는 일정하고 K 를 기체의 압축률이라 한다.

미분방정식 $f'(x) = kf(x)$ 를 만족하는 함수를 구하기 위해 미분에 대한 공식을 2개 추가하자.

$(f(x)g(x))' = f'(x)g(x) + f(x)g'(x)$
$(f(kx))' = kf'(kx)$

의 2개이다. 전자는 함수의 곱(積)의 도함수를 구하는 방법이다. 후자는 변수 x 가 콘스탄트 k 배가 되었을 때의 도함수이다.

제2화 접선:미분계수에서 미적분의 본질로   *177*

일단 이들의 공식을 유도해 보는데 결과만 인정해 주면 충분하다.

$$f(t)g(t)-f(x)g(x)$$
$$=(f(t)-f(x))g(x)+f(x)(g(t)-g(x))$$
$$+(f(t)-f(x))(g(t)-g(x))$$

이므로

$$\frac{f(t)g(t)-f(x)g(x)}{t-x}$$
$$=\begin{cases} \dfrac{f(t)-f(x)}{t-x}g(x) & \longrightarrow f'(x)g(x) \\ +f(x)\dfrac{g(t)-g(x)}{t-x} & \longrightarrow +f(x)g'(x) \\ +\dfrac{f(t)-f(x)}{t-x}(g(t)-g(x)) & \longrightarrow +f'(x)\times 0 \end{cases}$$

그러므로

$$(f(x)g(x))'=f'(x)g(x)+f(x)g'(x)$$

또

$$\frac{f(kt)-f(kx)}{t-x}=k\frac{f(kt)-f(kx)}{kt-kx}$$

이고 $t \to x$일 때 $kt \to kx$ 이므로

$$\frac{f(kt)-f(kx)}{t-x} \longrightarrow kf'(kx)$$

그러므로

$$(f(kx))' = kf'(kx)$$

그런데 미분방정식 $f'(x) = kf(x)$를 초기조건을 $f(0) = a$ 라 하여 풀어 보자.

먼저 지수함수 $E(x) = e^x$을 상기하기 바란다.

$$E'(x) = E(x)$$

였다. 따라서

$$f(x) = aE(kx)$$

라 두면

$$f(0) = aE(0) = ae^0 = a$$
$$f'(x) = a(E(kx))' = akE(kx) = kf(x)$$

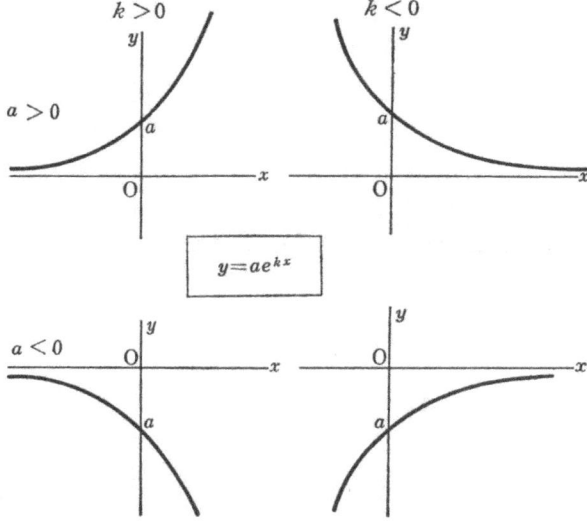

가 된다.

즉 $y=ae^{kx}$가 구하는 함수이다.

미분방정식 $f'(x)=kf(x), f(x)=a$의 풀이가 $y=ae^{kx}$ 이외에는 없다는 것은 다음과 같이 하여 확인할 수 있다.

지금 함수 $g(x)$가

$$g'(x)=kg(x) \quad g(0)=a$$

이라고 한다. $g(x)$와 e^{-kx}와의 곱 $g(x)e^{-kx}$을 생각하면 곱의 미분의 공식을 사용하여

$$\begin{aligned}(g(x)e^{-kx})' &= g'(x)e^{-kx}+g(x)(e^{-kx})'\\ &=kg(x)e^{-kx}+g(x)(-k)e^{-kx}\\ &=0\end{aligned}$$

이다. 즉 $g(x)e^{-kx}$은 도함수가 0이다. 따라서 그것은 콘스탄트이다. $x=0$이라 하면 그 콘스탄트는

$$g(0)e^{0}=a$$

라는 것을 알 수 있다.

$$g(x)e^{-kx}=a$$

그러므로

$$g(x)=ae^{kx}$$

또한 $a>0$, $k<0$의 경우 $f(x)=ae^{kx}$은 감소해 가는데 $x=c$일 때의 $f(c)$가 꼭 절반이 되는 것은

$$f(x) = \frac{1}{2}f(c)$$
$$ae^{kx} = \frac{1}{2}ae^{kc}$$
$$e^{k(x-c)} = \frac{1}{2}$$

이므로

$$k(x-c) = \log\frac{1}{2} \fallingdotseq -0.693$$
$$x-c = -\frac{0.693}{k}$$

이라는 것이 된다. $f(x)$의 $x=c$로부터의 반감기(半減期)라 한다. 이것이 방사능 원소의 측정에 의해서 발굴물의 연대추정을 하는 근거가 되는 것이다.

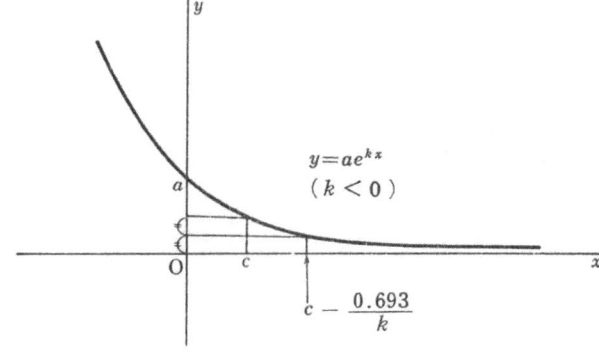

제3화

함수공간
(그 개척과 조성)

함수의 개념

수학의 발전의 과정에서 함수의 개념을 어떻게 파악하는가에 대해서 여러 가지 변천이 있었다.

y가 x의 함수라는 것을 $y=f(x)$라 나타낸다. 미적분이 창시된 뉴턴이나 라이프니츠의 시절에는 함수란 '변동하는 양과 함께 변동하는 변수'라고 생각되고 있었다 한다. 즉

x의 변동에 수반해서 변동하는 y

라는 것이다. 점의 운동을 해석(解析)하기 위해 시간과 함께 변동하는 위치나 속도가 고찰의 대상이 되었던 시절의 이야기이다. 말하자면

바뀌면 바뀐다, 움직이면 움직인다.

라는 파악방법이고 그 바뀌는 방법의 고찰에서 미분의 사고로 발전해간 것일 것이다. 콘스탄트함수는 x가 바뀌어도 y는 바뀌지 않을 것이다라고 말하지 말기를 바란다. 부동(不動), 정지(靜止)도 동(動)의 한 상태라고 생각하는 편이 좋은 것이다.

미적분의 여러 가지 공식이 만들어진 시절, 그 제 1 인자인 오일러의 시절에는 함수란 '변수의 해석적인 식'이라고 생각되고 있었다는 것이다.

$$f(x)=ax^2+bx+c,\ f(x)=\sqrt{1-x^2}$$

등과 같이 그리고 더 복잡한 것도 있으나

$f(x)$가 x의 식으로 표시되어 있다.

라는 것이다.

그리고 미적분의 기초굳힘이 행해진 코시의 시대에는 '2개의 변수에 대해서 한쪽의 값이 주어지면 또 한쪽의 값이 확정될 때 후자를 전자의 함수라 한다', 즉

$x=a$라 하면 $f(a)$가 확정된다

라고 하는 것처럼 함수가

결정하면 결정된다.

라는 현대적인 형태로 파악하게 되었다.

디리클레는

x가 유리수라면 $f(x)=1$
x가 무리수라면 $f(x)=0$

이라고 하는 것처럼 x의 값에 대해서 결정되는 $f(x)$를 말로 표현해서 기묘한 함수를 생각하였다. 예컨대

$f(1)=f(1982)=f(1, 5)=1$
$f(\sqrt{2})=f(2\sqrt{2})=f(\sqrt{3})=0$

이다. 이러한 함수의 그래프 등은 도저히 그릴 수 없고 간단한 식으로 나타낼 수는 없다. 하지만 극한등식을 사용하면 이 함수를

$$f(x)=\lim_{n\to\infty}\left(\lim_{k\to\infty}|\cos n!\pi x|^k\right)$$

처럼 2중의 극한으로 나타낼 수는 있다. 여기서 $n!$는 1에서 n까지의 자연수의 곱

$$n! = 1 \cdot 2 \cdot 3 \cdot \cdots \cdot n$$

이다. n계승이라 한다.

코사인이 π의 정수배일 때 $+1$이나 -1이 되는 것과

$$|r| < 1 \text{일 때} \lim_{k \to \infty} r^k = 0$$

이라는 것을 사용하면 위의 표시식을 확인할 수 있다. 도전해 보기 바란다.

오늘날에는 함수 $y = f(x)$라 할 때

x의 값을 정하면 함수값 $f(x)$가 결정된다.

라는 결정되는 방법의 규칙 그 자체

x와 $f(x)$의 대응의 방법 그 자체

를 함수라 생각하고 있다. 예컨대 $f(x) = x^2$이라면 '제곱한다' 라는 행위

$$f(\ ) = (\ )^2$$

가 함수이다. 즉 $f(x)$의 f 그 자체이다.

하나하나의 함수 $f(x)$에는 '어떠한 x에 대해서 $f(x)$이 값이 결정되는가'라는 x의 범위가 결정되어 있다. 그 범위를 함수의 정의역(定義域)이라 한다. 예컨대

함수 $y=f(x)$	정의역 D
$y=x^2$	실수전체
$y=\sqrt{x}$	$x \geq 0$
$y=\sqrt{1-x^2}$	$-1 \leq x \leq 1$
$y=\log x$	$x>0$

과 같다. 즉 개개의 함수에는 각각 고유의 정의역이 정해져 있다.

그러나 2개 이상의 함수를 생각할 때 그 2개의 함수의 정의역이 어긋나 있으면 곤란하다. 예컨대

$$\sqrt{1-x^2}+\log x$$

와 같은 함수는 $\sqrt{1-x^2}$ 의 정의역과 $\log x$의 정의역의 공통의 범위, 즉 $0<x \leq 1$로 생각하는 것이 된다.

그래서 우선 x의 범위 D를 먼저 정하고 D를 정의역으로 하는 온갖 함수를 고찰의 대상으로 한다. D가 $-1<x<1$이라는 범위라 하면 거기서는

$$\sqrt{x+1},\ x^2,\ \log(1+x),\ \frac{1}{1-x}$$

등 여러 가지 함수를 생각할 수 있다. 물론 x^2의 정의역은 실수전체이지만 x를 제곱한다는 행위를 $-1<x<1$에 한정하여 생각하는 것이다.

x의 범위 D로서는 보통 실수전체, 또는 $-1<x<1$ 또 $a \leq x \leq b$와 같은 구간을 생각한다. 이러한 x의 범위 D를 하나 정

해서 D를 정의역으로 하는 함수의 전체를 $F(D)$라 한다. $F(D)$는 함수의 집합이고 수의 집합은 아니다. $F(D)$를 함수공간이라 한다. $F(D)$에는 다항식으로 표현되는 함수, 3각함수, 거듭 D를 정의역으로 하는 디리클레의 함수 등 여러 가지 함수가 속해 있다. 이러한 온갖 함수의 전체가 $F(D)$이므로 함수공간 $F(D)$는 미개의 황야라 해도 될 것이다. 이제부터 이 공간의 개척, 택지의 조성을 구경하러 가기로 한다.

$$\begin{pmatrix} \text{바뀌면 바뀐다} \\ x \quad \rightsquigarrow \\ f(x) \longrightarrow \end{pmatrix} \Rightarrow \begin{pmatrix} \text{식 표시} \\ \\ f(x) = \sum a_k x^k \end{pmatrix} \Rightarrow \begin{pmatrix} \text{결정하면 결정된다} \\ \\ a \longrightarrow f(a) \end{pmatrix}$$

$$\Rightarrow \begin{pmatrix} \text{대응} \\ f \\ D \longrightarrow R \end{pmatrix} \Rightarrow \begin{pmatrix} \text{함수공간} \\ f \\ F(D) = \{f \mid D \longrightarrow R\} \end{pmatrix}$$

함수공간에 있어서의 연산

x의 범위 D를 정의역으로 하는 함수의 전체, 함수공간 $F(D)$를 생각한다. 여기서 함수라 하면 $F(D)$에 속하는 것에 한정하기로 한다.

2개의 함수 f, g를 생각한다. D의 수 x를 결정하면 각각 실수 $f(x), g(x)$가 결정되어 있다.

$$D \xrightarrow{f} R \qquad D \xrightarrow{g} R$$
$$x \longrightarrow f(x) \qquad x \longrightarrow g(x)$$

그래서 2개의 실수 $f(x), g(x)$의 합과 곱

$$f(x)+g(x),\ f(x)g(x)$$

를 생각한다. 각각 D의 어떤 수 x에 대해서도 값이 확정된다. 즉 대응

$$x \longrightarrow f(x)+g(x),\ x \longrightarrow f(x)g(x)$$

가 결정된다. 바꿔 말하면 D를 정의역으로 하는 함수가 정해지는 것이 된다. 이 함수가 각각 2개의 함수 f와 g의 합 $f+g$와 곱 fg이다.

$$(f+g)(x)=f(x)+g(x),\ (fg)(x)=f(x)g(x)$$

즉 함수공간 $F(D)$에는 합과 곱이라는 연산을 도입할 수 있는 것이다.

c를 하나의 실수라 한다. D의 모든 수 x에 c를 대응시키는 콘스탄트함수

$$D \longrightarrow R$$
$$x \longrightarrow c$$

도 또 $F(D)$에 속하는 함수의 하나이다.

이 콘스탄트함수와 함수 f와의 곱이 함수 f의 콘스탄트 c배(倍)이다.

$$(cf)(x)=c(f(x))$$

$c=-1$이라면 $-f$, 즉 함수값의 부호를 바꾸게 된다.

$$(-f)(x)=-f(x)$$

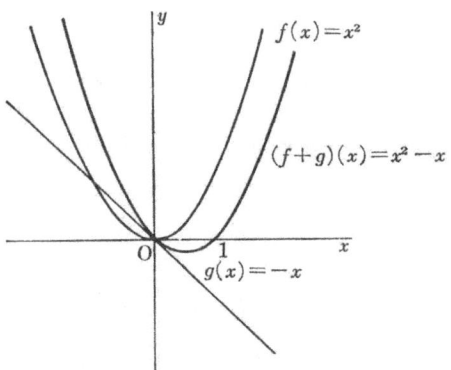

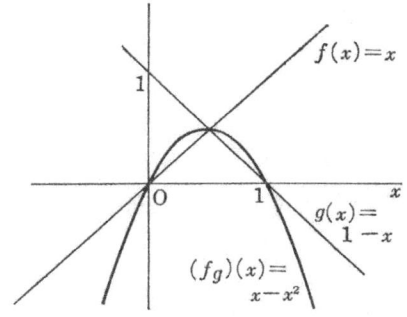

이것으로부터 2개의 함수의 차 $f-g$도 f와 $-g$의 합으로서 결정된다.

$$(f-g)(x) = (f+(-g))(x)$$
$$= f(x)+(-g)(x) = f(x)-g(x)$$

2개의 콘스탄트함수

$$x \longrightarrow k \quad x \longrightarrow h$$

의 함수로서의 합이나 곱

$$x \longrightarrow k+h \quad x \longrightarrow kh$$

는 실수로서의 합 $k+h$, 곱 kh를 함수값으로 하는 콘스탄트함수이다.

즉 함수공간 $F(D)$에는 합, 차, 곱이라는 연산이나 실수배라는 연산이 정해져 있다. 그리고 $F(D)$에는 특별한 함수로서 콘스탄트함수가 포함되어 있고 콘스탄트함수의 함수로서의 합이나 곱은 함수값인 실수의 합이나 곱 그 자체로 되어 있다. 이런 의미에서 $F(D)$는 실수 전체 R을 내장하고 있다고 말할 수 있다.

실수에 대해서는 나눗셈, 즉 몫이라는 연산이 있는데 함수공간 $F(D)$에서는 몫이라는 연산

$$\left(\frac{f}{g}\right)(x) = \frac{f(x)}{g(x)}$$

는 분모인 $g(x)$가 결코 0이 되지 않을 때밖에 결정할 수 없다. 즉

$$x \longrightarrow \frac{x-1}{x^2+1}$$

과 같은 함수는 생각할 수 있지만 D가 1을 포함하고 있을 때

$$x \longrightarrow \frac{x^2+1}{x-1}$$

이라는 함수는 $F(D)$에는 속하지 않는다.

 함수공간의 개척 조성에 대해서는 개척한 택지에서 생활할 수 있는지 어떤지를 문제로 한다. 즉 거기서 수학적인 사고활동, 덧셈, 곱셈 등을 자유로이 행할 수 있는지 어떤지를 하나의 목표로 하는 것이다. 물론 미분이라는 연산을 사용할 수 있는지 어떤지도 하나의 키포인트가 된다.

함수공간, 안내지도

 함수공간의 관광여행에 앞서 먼저 안내지도를 입수하기로 하자. 이것에 의존해서 안내하기로 한다. 즉

 '저기에 보이는 것이 1차함수의 공간입니다'
 '이쪽의 개척지는 미분할 수 있는 함수용의 택지입니다'

라고 하는 것처럼……

제3화 함수공간 *191*

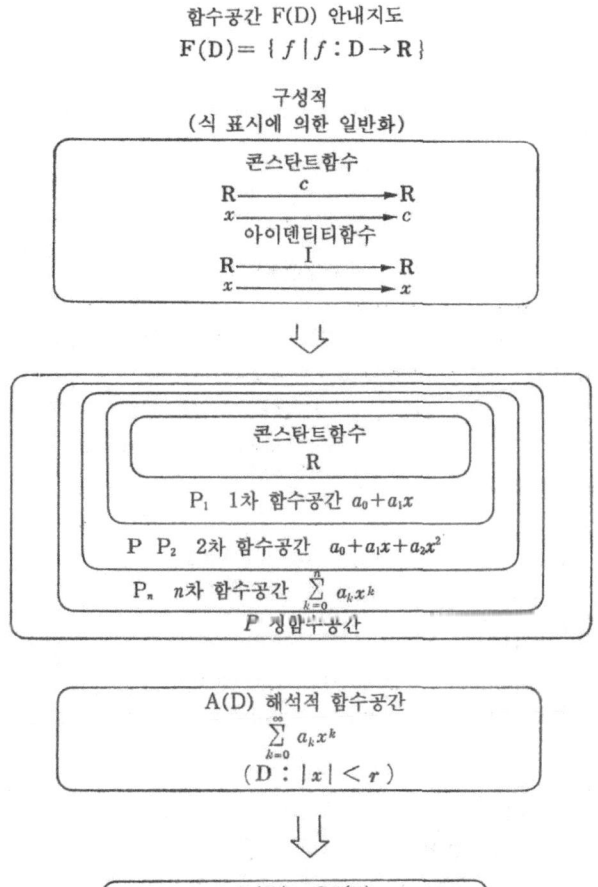

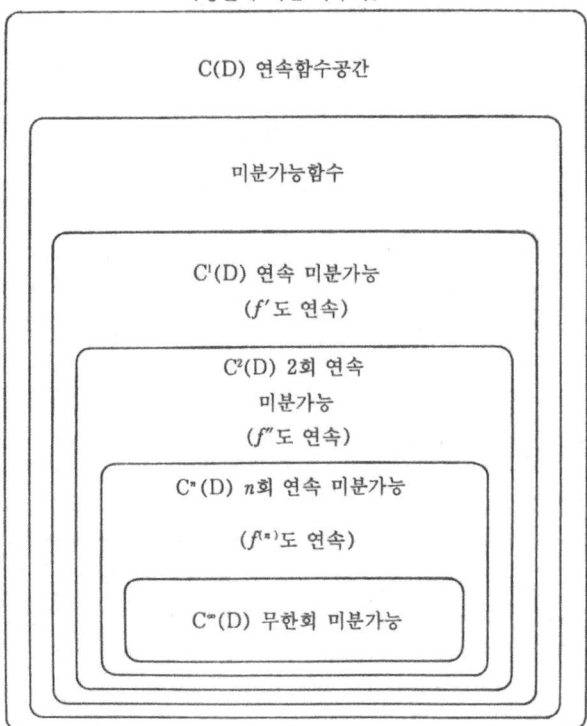

제3화 함수공간 *193*

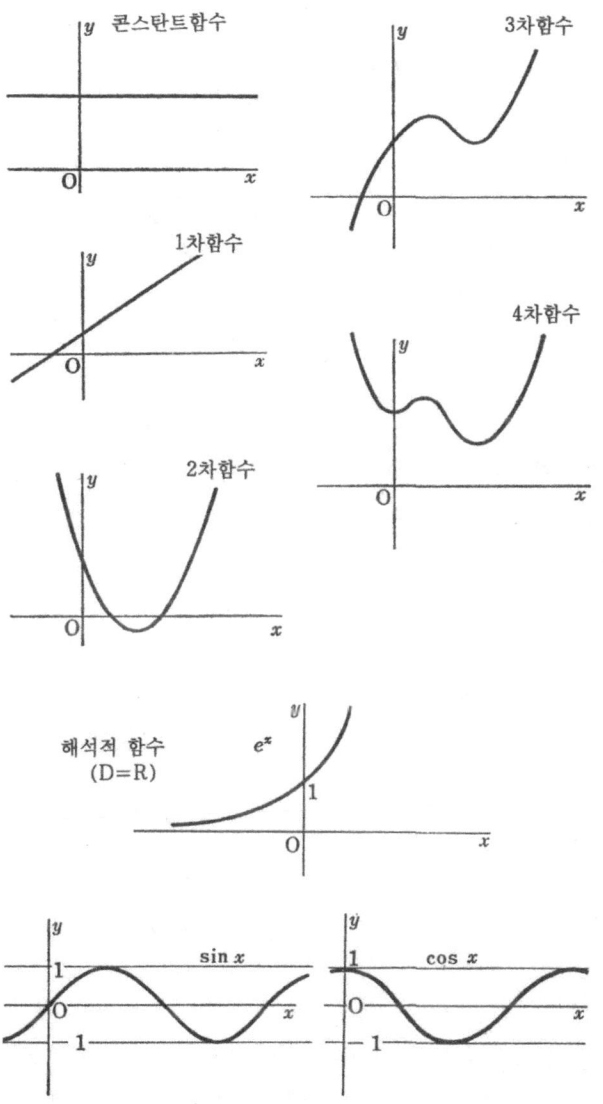

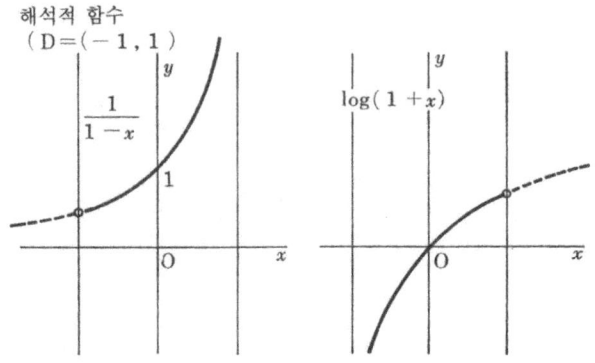

1차함수의 공간

실수전체 R을 정의역으로 하는 함수로서 가장 간단한 것은 콘스탄트함수이다. x의 어떤 값에 대해서도 항상 하나의 실수 c라는 값을 취하는 함수를 같은 문자 c를 사용해서 나타내기로 한다.

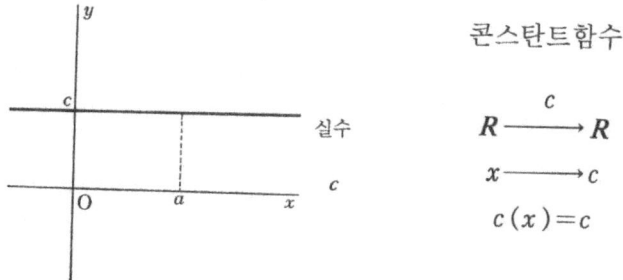

하나의 문자 c를 실수로 보거나 콘스탄트함수로 생각하거나 하는 것인데 혼란이 생기지 않는 것은 앞에서도 언급한 것처럼

**실수로서의 합이나 곱과
콘스탄트함수로서의 합이나 곱**

이 잘 적합하고 있기 때문이다.

콘스탄트함수끼리의 합이나 곱은 또 콘스탄트함수이다. 콘스탄트함수의 전체는 하나의 세계를 만들고 있다. 그것은 실수 전체와 같은 것이라고 해도 될 것이다.

콘스탄트함수에 이어서 단순한 함수는 항등(恒等)함수, 아이덴티티함수이다. x에 x 자신을 대응시키는 함수이다. 이것을 I로 나타내자.

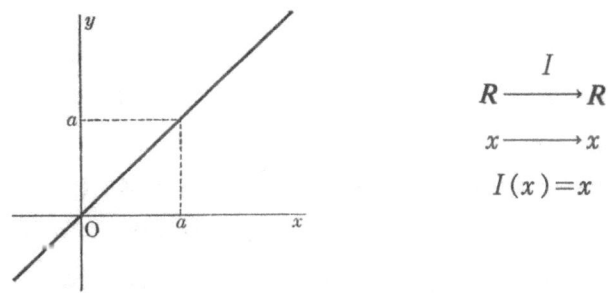

이것으로 우리들은 콘스탄트함수와 항등함수의 2종류의 함수를 가진 것이 된다. 특수한 함수이지만 무수의 콘스탄트함수를 생각할 수 있다. 그리고 2개의 함수의 합이나 곱을 만들 수 있다는 것도 알고 있다.

콘스탄트함수 a와 항등함수 I의 곱은

$$\left.\begin{array}{l} R \xrightarrow{a} R \\ x \longrightarrow a \\ R \xrightarrow{I} R \\ x \longrightarrow x \end{array}\right\} \Rightarrow \begin{array}{l} R \xrightarrow{aI} R \\ x \longrightarrow ax \end{array}$$

$(aI)(x) = a(x)$라는 함수이다. 정비례의 함수이다.

거듭 aI라는 함수와 콘스탄트함수 b의 합을 생각하면:

$$\left.\begin{array}{l} R \xrightarrow{aI} R \\ x \longrightarrow ax \\ R \xrightarrow{b} R \\ x \longrightarrow b \end{array}\right\} \Rightarrow \begin{array}{l} R \xrightarrow{aI+b} R \\ x \longrightarrow ax+b \end{array}$$

$(aI+b)(x) = ax+b$라는 함수는 우리가 알고 있는 1차함수이다. 보통 1차함수라 하면 x의 계수 a는 0이 아닌 것으로 하지만 그것은 중학생 시대의 이야기이고 어른의 세계에서는 a가 0의 경우도 1차함수의 무리에 넣자. 딱딱한 말로 하면 1차 이하의 함수라는 것이 되지만 기울기가 0인 1차함수라는 것으로서 넓은 의미로 해석하기로 한다.

넓은 의미로 해석한 1차함수의 전체를 P_1으로 나타내기로 한다. P는 다항식(Polynomial)의 머리문자, 첨자(添字)의 1은 1차(이하)의 1이다. 2개의 1차함수의 합은 또 1차함수이다. 이때에도 예컨대

$$(2x+3) + (-2x) = 3$$

처럼 합이 콘스탄트가 되는 일도 있으므로 1차함수의 1차를 넓은 의미로 해석해 두는 편이 편리하다.

1차함수의 콘스탄트배도 1차함수이다. 이때도 0배까지 생각하면 위와 같은 것이 성립한다.

1차함수의 세계에서는 합이나 실수배라는 연산을 자유로이 행할 수 있는 것이다. 이런 의미에서 1차함수공간 P_1은 벡터공간으로 되어 있다.

콘스탄트함수는 특수한 1차함수, 굳이 말하면 0차함수이다. 그 전체를 P_0로 나타내도 되는 것이지만 실수전체와 변화가 없기 때문에 R로 나타내기로 한다.

콘스탄트함수의 전체 R은 1차함수공간 P_1의 부분공간으로 되어 있는 것이다.

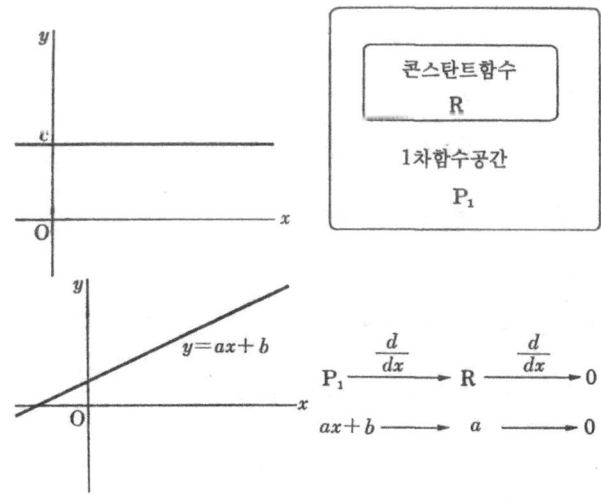

그런데 1차함수를 미분하면

$$\frac{d}{dx}(ax+h)=a$$

이므로 콘스탄트함수가 된다. 결국 미분한다는 조작을 1차함수 공간에서 생각하면 P_1에서 R으로의 사상(寫像)으로 되어 있다. 특히 미분하여 0이 되는 것은 콘스탄트함수이다.

역으로 콘스탄트함수를 적분하면, 즉 넓이함수를 생각하면 1차함수가 된다.

$$\int_0^x cdt = cx, \quad \int_a^x cdt = cx - ca$$

1차함수끼리의 곱은 2차함수가 되고 1차함수의 넓이함수도 2차함수이다. 따라서 1차함수공간 P_1에서는 곱이라는 연산이나 적분한다는 조작은 P_1 속에서만으로는 생각할 수 없다.

n차 함수의 공간

항등함수 I와 자기자신의 곱, 즉 I의 제곱 I^2은

$$I^2(x) = I(x)I(x) = x^2$$

이라는 함수이다.

항등함수 I와 콘스탄트함수 a, b, c를 조합시켜서

$$(aI^2 + bI + c)(x) = ax^2 + bx + c$$

2차함수가 만들어진다. 여기서도 $a=0$인 경우를 허용하여 넓은 의미로 해석하기로 한다. 2차함수(넓은 의미의)의 전체를

P_2로 나타낸다. 2개의 2차함수의 합도 2차함수이고 2차함수의 콘스탄트배도 2차함수이다. 즉 2차함수공간 P_2도 벡터공간이고 1차함수공간 P_1을 부분공간으로서 포함하고 있다.

2차함수 $f(x)=ax^2+bx+c$를 미분하면

$$f'(x)=2ax+b$$

가 되어 1차함수가 된다. 또 한번 미분하면

$$f''(x)=2a$$

콘스탄트함수이다. 거듭 미분한다. '''를 3개 붙인다.

$$f'''(x)=0$$

이 된다.

2차함수 $f(x)=ax^2+bx+c$는

 3회 미분하면 0 $f'''(x)=0$
 그리고 $f(0)=c$, $f'(0)=b$, $f''(0)=2a$

로 특징지어진다.

특히 2차함수 $f(x)=ax^2+bx+c$에 대해서 1차 이하의 항 $y=bx+c$는 그래프인 포물선의 점$(0, c)$에서의 접선의 식으로 되어 있다. 확인하기 바란다.

미분한다는 조작을 $\dfrac{d}{dx}$라는 기호로 나타낼 때는

 2회 미분하는 조작은 $\dfrac{d^2}{dx^2}$

 3회 미분하는 조작은 $\dfrac{d^3}{dx^3}$

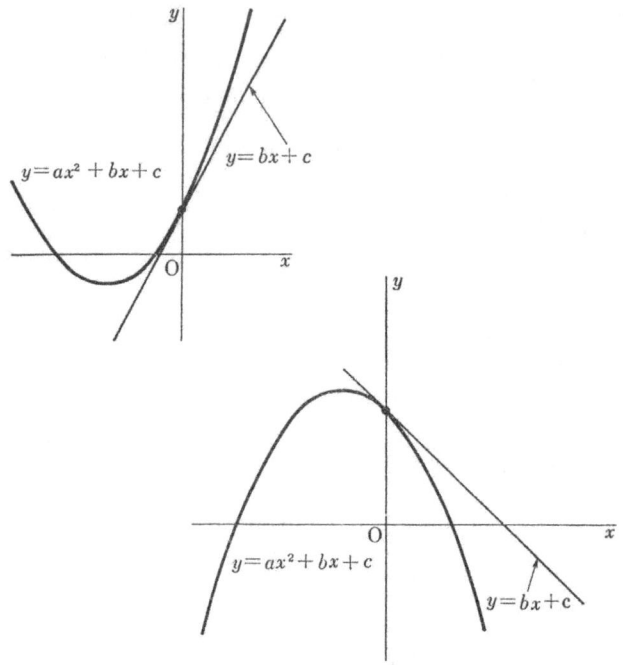

이라 나타낸다. 대시 '''이면 미분의 횟수가 많아지면 곤란하므로, 이때는

$$f'' 를\ f^{(2)} \qquad f''' 를\ f^{(3)}$$

으로 나타낸다. 이것이라면 4회라도 5회라도, 일반적으로 n 회라도 미분하는 조작을 나타낼 수 있다.

 n회의 미분의 조작은

$$\frac{d^n}{dx^n} \text{ 또는 } f^{(n)}$$

이 되는데 $f^{(n)}(x)$를 제n차도함수라 한다.

미분이라는 조작의 기호의 설명으로 이야기가 본 줄거리에서 벗어났는데 2차함수공간 P_2에서 미분하는 조작을 생각하면 그것은 2차함수공간 P_2에서 1차함수공간 P_1으로의 사상으로 되어 있다.

$$P_2 \xrightarrow{\frac{d}{dx}} P_1 \xrightarrow{\frac{d}{dx}} R \xrightarrow{\frac{d}{dx}} 0$$
$$(ax^2+bx+c) \longrightarrow (2ax+b) \longrightarrow 2a \longrightarrow 0$$

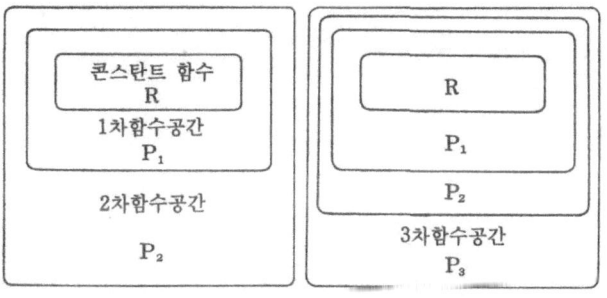

여기까지 오면 현명한 여러분은 3차함수(넓은 의미)의 전체를 P_3라 할 때 다음의 도식은 이것을 바라보는 것뿐만 아니고 무엇을 이야기하고 있는지를 알 수 있을 것으로 생각한다.

$f(x)=px^3+qx^2+rx+s$ $f(0)=s$
$f'(x)=3px^2+2qx+r$ $f'(0)=r$
$f''(x)=6px+2q$ $f''(0)=2q$
$f'''(x)=6p$ $f'''(0)=6p$
$f^{(4)}(x)=0$

$$P_3 \xrightarrow{\frac{d}{dx}} P_2 \xrightarrow{\frac{d}{dx}} P_1 \xrightarrow{\frac{d}{dx}} R \xrightarrow{\frac{d}{dx}} 0$$

3차함수공간 P_3 속에서도 합이나 콘스탄트배의 연산을 생각할 수 있고 P_3도 벡터공간이 된다. 또 3차함수 $f(x)=px^3+qx^2+rx+s$의 그래프에 대해서 점$(0, s)$에 있어서의 접선의 식은 $y=rx+s$이다.

거듭 일반화를 계속하면 4차함수공간 P_4, 5차함수공간 P_5 ……를 얻을 수 있다.

일반적으로 n차함수(넓은 의미)의 전체를 P_n으로 나타낸다. n차함수공간 P_n도 벡터공간이고 미분한다는 조작에 대해서 같은 형식의 성질이 성립한다.

n차함수에서는 계수가 $n+1$개 필요하므로 a, b, c나 p, q, r, s라 할 수는 없다. n차함수 $f(x)$를

$$f(x) = \sum_{k=0}^{n} a_k x^k$$
$$= a_0 + a_1 x + a_2 x^2 + \cdots\cdots + a_n x^n$$

이라 나타내자. 계수인 a_k는 0이라도 상관없다. 위의 표시는 차수(次數)가 낮은 순서로 되어 있는데 이 편이 나중에 여러 모로 편리한 것이다. 2차함수와 4차함수를 생각할 때

$$f(x) = x^2 + 2x + 3$$
$$g(x) = x^4 - 3x^3 + 5x^2 - 3x + 1$$

이라고 배열하여 적는 것보다

$$f(x)=3+2x+x^2$$
$$g(x)=1-3x+5x^2-3x^3+x^4$$

이라고 배열하는 편이 좋을 것이다.

그런데 n 차함수

$$f(x)=a_0+a_1x+a_2x^2+\cdots\cdots+a_kx^k+\cdots\cdots+a_nx^n$$

에 순차미분의 조작을 시행해 본다. 먼저

$$f'(x)=a_1+2a_2x+\cdots\cdots+ka_kx^{k-1}+\cdots\cdots+na_nx^{n-1}$$

이 되어 상수항 a_0가 없어진다. 일반항 a_kx^k에 대해서 보면 →
을 미분한다는 조작, 즉 미분사상이라 보면 :

$$a_0 \longrightarrow 0$$
$$a_1x \longrightarrow a_1 \longrightarrow 0$$
$$a_2x^2 \longrightarrow 2a_2x \longrightarrow 2a_2 \longrightarrow 0$$
$$a_3x^3 \longrightarrow 3a_3x^2 \longrightarrow 6a_3x \longrightarrow 6a_3 \longrightarrow 0$$
$$a_4x^4 \longrightarrow 4a_4x^3 \longrightarrow 12a_4x^2 \longrightarrow 24a_4x \longrightarrow 24a_4 \longrightarrow 0$$
$$\cdots\cdots\cdots\cdots$$

이 되고 a_kx^k의 x^k의 부분만을 주목하면

$$x^k \longrightarrow kx^{k-1} \longrightarrow k(k-1)x^{k-2} \longrightarrow k(k-1)(k-2)x^{k-3}$$
$$\longrightarrow \cdots\cdots \longrightarrow k(k-1)(k-2)\cdots\cdots 2\cdot 1 \longrightarrow 0$$

$k+1$회째에서 0이 된다. 즉

$$\frac{d^k}{dx^k}x^k = k! \qquad \frac{d^{k+1}}{dx^{k+1}}x^k = 0$$

이다.

따라서 $f(x) = \sum_{k=0}^{n} a_k x^k$ 에 대해서는

$$f^{(k)}(x) = k! \, a_k + (1차\ 이상\ n-k차까지)$$

가 된다.

그리고

$$f^{(n)}(x) = n! \, a_n, \quad f^{(n+1)}(x) = 0$$

이 된다.

여기서

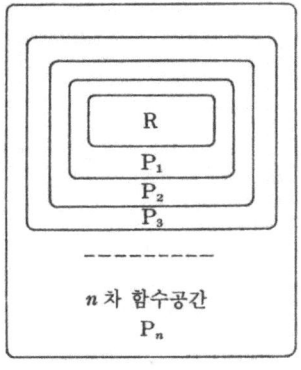

$$f^{(k)}(0) = k! \, a_k, \ f^{(n)}(0) = n! \, a_n$$

즉

$$a_k = \frac{1}{k!} f^{(k)}(0)$$

$$a_n = \frac{1}{n!} f^{(n)}(0)$$

이라는 것에 주의해 두자.

또 직선 $y = a_0 + a_1 x$는 곡선 $y = f(x)$의 점 $(0, a_0)$에서의 접선이다.

$$f(x) = a_0 + a_1 x + \cdots\cdots + a_k x^k + \cdots\cdots + a_n x^n$$
$$f^{(k)}(0) = k! a_k$$
$$(k = 0, 1, 2, \cdots\cdots, n)$$

$$f^{(n+1)}(x)=0$$

$$P_n \xrightarrow{\frac{d}{dx}} P_{n-1} \xrightarrow{\frac{d}{dx}} P_{n-2} \longrightarrow \cdots\cdots \longrightarrow$$
$$P_3 \xrightarrow{\frac{d}{dx}} P_2 \xrightarrow{\frac{d}{dx}} P_1 \xrightarrow{\frac{d}{dx}} R \xrightarrow{\frac{d}{dx}} 0$$

정함수의 공간

 모든 n에 대해서 n차함수공간 P_n의 통합을 기도해 보자. 즉 x의 정식(整式)으로 표현되는 함수의 전체를 P로 나타낸다. 집합의 기호를 사용하면

$$P = \bigcup_{n=0}^{\infty} P_n$$

이 된다. P_0는 콘스탄트함수의 전체이다. P를 정함수공간이라 부르기로 한다.

 정함수공간 P에서는 2개의 함수의 합이나 함수의 콘스탄트 배라는 연산을 자유로이 행할 수 있음은 물론이다. n차함수와 m차함수의 곱은 $n+m$차함수가 되므로 정함수공간에서는 곱이라는 연산도 틀 밖으로 삐져나가지 않고 행할 수 있다. 결국 합·차·곱의 연산을 자유로이 행할 수 있는 것이다. 정함수공간 P는 다항식고리라고도 일컬어지고 있다. 일반적으로 합·차·곱의 연산을 자유로이 행할 수 있는 함수의 집합에 대한 것을 함수고리 또는 펑션·알게브러(Function Algebra)라고 하는데 P도 함수고리의 하나이다.

 미분이라는 조작도 정함수공간 P에서는 어떤 함수에도 시행

할 수 있다. 특히 n차함수공간 P_n은

$(n+1)$회 미분하면 0이 되는 함수

의 전체로서 특징지워진다. 따라서 정함수공간 P는

몇 회인가(유한회) 미분하면 0이 되는 함수

의 전체라 할 수도 있다.

정함수공간 P에서는 미분의 역조작, 적분도 가능하다. n차함수의 원시함수는 $n+1$차함수가 되기 때문이다(다만 원시함수는 반드시 하나라고는 할 수 없지만……).

$$\begin{array}{c} \xrightarrow{\frac{d}{dx}} \\ P \longrightarrow P \\ f(x) \longrightarrow f'(x) \\ \int_a^x \\ P \longrightarrow P \\ f(x) \longrightarrow \int_a^x f(t)dt \\ \xrightarrow{\frac{d^{n+1}}{dx^{n+1}}} \\ P_n \longrightarrow 0 \end{array}$$

(좌측: R, P_n, 정함수공간 P)

이렇게 하여 함수의 합·차·곱이라는 연산이나 미분, 적분이라는 조작을 자유로이 행할 수 있는 하나의 결말이 있는 함수공간의 택지, 정함수공간이 조성된 것이다.

미분이나 적분의 조작과 함수의 합이나 콘스탄트배의 연산에 대해서, 공식

$$(f(x)+g(x))'=f'(x)+g'(x)$$
합의 미분은 미분의 합

$$(kf(x))'=kf'(x)$$
k배의 미분은 미분의 k배

$$\int_a^x f(t)+g(t)dt=\int_a^x f(t)dt+\int_a^x g(t)dt$$
합의 적분은 적분의 합

$$\int_a^x kf(t)dt=k\int_a^x f(t)dt$$
k배의 적분은 적분의 k배

가 성립한다. 이러한 것을 미분이나 적분의 사상

$$P \xrightarrow{\frac{d}{dx}} P, \quad P \xrightarrow{\int_a^x dt} P$$

는 선형사상이라 한다.

 형식적인 이야기가 계속되었으므로 조금 구체적인 성질을 언급해 두자. 그를 위해서 미분의 공식을 하나 추가해 둔다. 앞에서

$$(f(kx))'=kf'(kx)$$

라 하는 공식, 변수를 콘스탄트배 하였을 때의 미분의 방법을 유도하였다. 한걸음 나아가서

$$\boxed{(f(kx+a))'=kf'(kx+a)}$$

라는 공식이다. 결과를 인정하는 것만으로 충분하다.

먼저 $k=1$일 때

$$(f(x+a))' = f'(x+a)$$

가 된다. 이것은

$$\frac{f(t+a)-f(x+a)}{t-x} = \frac{f(t+a)-f(x+a)}{(t+a)-(x+a)}$$
$$\longrightarrow f'(x+a)$$

이고 $t \to x$일 때 $(t+a) \to (x+a)$이므로 명백할 것이다. $y=f(x)$와 $y=f(x+a)$의 그래프를 생각해도 $(f(x+a))' = f'(x+a)$라는 것은 알 수 있다.

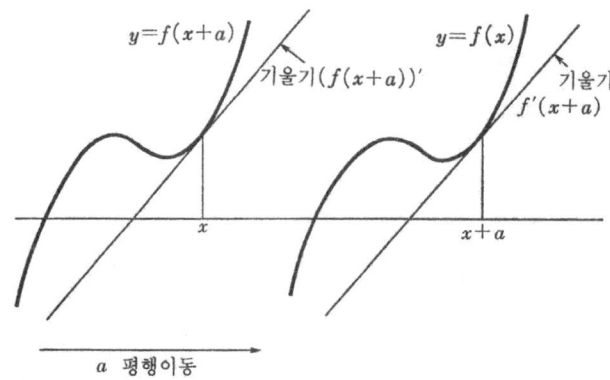

그런데 $g(x) = f(x+a)$라 두면

$$g'(x) = (f(x+a))' = f'(x+a)$$

이므로 x 대신에 kx를 넣어서

$$g'(kx) = f'(kx+a)$$

한편

$$(g(kx))' = kg'(kx)$$

이므로

$$(f(kx+a))' = kf'(kx+a)$$

가 된다.

예컨대

$$\frac{d}{dx}(2x+3)^n = 2n(2x+3)^{n-1}$$
$$\frac{d}{dx}(x-a)^2 = 2(x-a)$$

등으로 된다.

그런데 조사하려고 하는 성질은 :

$f(x)$가 n차함수($n \geq 2$)일 때

$$f(a) = f'(a) = 0 \text{이라면 } f(x) \text{는 } (x-a)^2$$

으로 나누어 떨어진다. 즉

$$f(x) = (x-a)^2 q(x)$$

이다. 역도 성립한다.

$f(x)$를 2차식 $(x-a)^2$으로 나누었을 때의 나머지는 1차식이므로 그것을 $rx+s$, 몫을 $q(x)$라 한다. 등식

$$f(x)=(x-a)^2 q(x)+rx+s$$

가 성립한다. 그러면 S군 부탁한다.

양변을 미분한다. 곱의 미분의 방법이나 위에 유도한 공식을 사용해서

$$f'(x)=2(x-a)q(x)+(x-a)^2 q'(x)+r$$

이 된다.
따라서

$$f(a)=ra+s,\ f'(a)=r$$

이 된다. 그러므로

$f(a)=f'(a)=0$이라면 $r=s=0$
$r=s=0$이라면　$f(a)=f'(a)=0$

Q.E.D

이 성질에서 유도할 수 있는 것을 2, 3개 언급해 둔다.
① 2개의 다항식 $f(x)$, $g(x)$에 대해서

$$f(a)=g(a),\ f'(a)=g'(a)$$

이라면 $f(x)-g(x)$는 $(x-a)^2$으로 나누어 떨어진다.
즉

$$f(x)-g(x)=(x-a)^2 q(x)$$

다만 $f(x)-g(x)$의 차수는 2 이상으로 한다.

② n차함수 $f(x)(n≧2)$에 대해서 점 $(a, f(a))$에 있어서의 접선의 식은 $y=f'(a)(x-a)+f(a)$인데 $f(x)$와의 차는 $(x-a)^2$으로 나누어 떨어진다.

$$f(x)-(f'(a)(x-a)+f(a))=(x-a)^2q(x)$$

①에 대해서는 $f(x)-g(x)$에 위에서 구한 성질을 적용하면 되는 것이고 ②는 ①의 특별한 경우에 불과하다. ②의 내용은 곡선 $y=f(x)$의 점$(a, f(a))$에 있어서의 접선을 구하는 데는 방정식

$$f(x)-(rx+s)=0$$

이 $x=a$를 중근(重根)으로서 갖도록 r, s를 대수적으로 구하면 되는 것을 보여주고 있다.

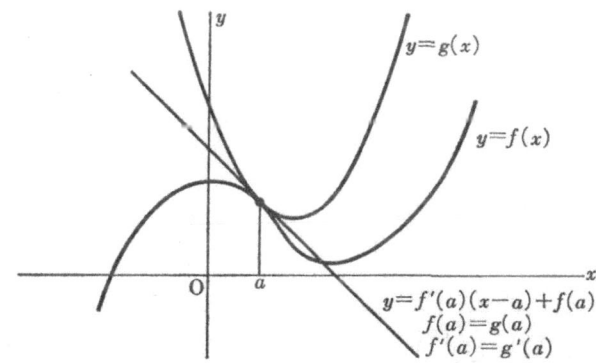

다항식으로 나타낼 수 있는 함수의 전체를 정함수공간 P로서 정리하였는데 P의 함수는 어느 것도 모두 몇 회인가 미분하면 0이 돼버리는 것뿐이었다.

따라서 지수함수나 사인, 코사인은 P의 테두리 밖의 함수이다.

$$e^x \xrightarrow{\frac{d}{dx}} e^x \xrightarrow{\frac{d}{dx}} e^x \xrightarrow{\frac{d}{dx}} \cdots\cdots$$

$$\sin x \xrightarrow{\frac{d}{dx}} \cos x \xrightarrow{\frac{d}{dx}} -\sin x \xrightarrow{\frac{d}{dx}} -\cos x$$

$$\xrightarrow{\frac{d}{dx}} \sin x \xrightarrow{} \cdots\cdots$$

이것들을 통제하기 위해서는 훨씬 높은 고찰이 필요해진다. 항을 바꾸자.

기본정리의 확장

n차 함수

$$f(x) = a_0 + a_1 x + \cdots\cdots + a_k x^k + \cdots\cdots + a_n x^n$$

에 대해서 각 계수는

$$a_k = \frac{1}{k!} f^{(k)}(0)$$

라 표현되었다. 즉

$$f(x) = \sum_{k=0}^{n} \frac{1}{k!} f^{(k)}(0) x^k$$

이 된다. n차함수는 $n+1$회 미분하면 0, 그 이상 미분해도 0이므로

$$f(x) = \sum_{k=0}^{\infty} \frac{1}{k!} f^{(k)}(0) x^k \quad (f^{(n+1)}(x) = 0)$$

이라 적어도 지장 없다.

지수함수 $E(x) = e^x$은 몇 번 미분해도 그대로이다.

즉

$$E^{(k)}(x) = E(x), \ E^{(k)}(0) = E(0) = e^0 = 1$$

이다. 그래서 n차함수에 대한 위의 등식의 좌우양변에 상당하는 식을 적어 본다.

$$E(x) \sim \sum_{k=0}^{\infty} \frac{1}{k!} E^{(k)}(0) x^k$$

$$e^x \sim \sum_{k=0}^{\infty} \frac{1}{k!} x^k$$

$$= 1 + x + \frac{x^2}{2!} + \frac{x^3}{3!} + \cdots\cdots$$

가 된다. 우변은 무한으로 계속되는 급수가 된다. 이 무한급수는 수렴할까? 그리고 그 합은 e^x와 똑같을까?

이것을 조사하기 위해 미적분의 기본정리를 확장하자. 기본정리의 표현 중 다음의 등식이 있다.

$$f(x) = f(0) + \int_0^x f'(t) dt$$

이 등식을 몇 회라도 미분할 수 있는 함수 $f(x)$의 경우로 확장하려고 하는 것이다. 더 분명히 말하면

$f(x)$와 $\sum_{k=0}^{n}\dfrac{1}{k!}f^{(k)}(0)x^k$

와를 비교하여 그 차를 적분으로 나타내려고 하는 것이다. 우측의 $\sum$는

$$\sum_{k=0}^{n}\dfrac{1}{k!}f^{(k)}(0)x^k = f(0)+f'(0)x+\dfrac{1}{2!}f''(0)x^2+\cdots$$
$$\cdots+\dfrac{1}{n!}f^{(n)}(0)x^n$$

이라는 n차식이다. $f(x)$를 이 n차식으로 근사시킬 때 차이가 어떻게 되는지를 조사하는 것이다. 결과를 말하면 다음과 같다.

몇 회라도 미분할 수 있는 함수 $f(x)$에 대해서

$$f(x)=f(0)+f'(0)x+\dfrac{1}{2!}f''(0)x^2+$$
$$\cdots\cdots+\dfrac{1}{n!}f^{(n)}(0)x^n+R_n(x)$$

라 하면

$$R_n(x)=\dfrac{1}{n!}\int_0^x (x-t)^n f^{(n+1)}(t)dt$$

이다.

매우 복잡하지만 $n=0$일 때는 확실히 기본정리의 하나의 표현으로 되어 있다. $n=1$일 때는

$$f(x) = f(0) + f'(0)x + \int_0^x (x-t)f''(t)dt$$

가 된다. 이것을 확인하는 데에는

$$g(t) = (x-t)f'(t)$$

라는 t의 함수를 생각한다.
  t에 대해서 미분하면

$$g'(t) = -f'(t) + (x-t)f''(t)$$

즉

$$(x-t)f''(t) = g'(t) + f'(t)$$

이다. 양변을 0에서 x까지 적분한다. 우변에는 기본정리를 적용하면

$$\begin{aligned}\int_0^x (x-t)f''(t)dt &= \int_0^x g'(t) + f'(t)dt \\ &= g(x) + f(x) - (g(0) + f(0)) \\ &= f(x) - (xf'(0) + f(0))\end{aligned}$$

그러므로

$$f(x) = f(0) + f'(0)x + \int_0^x (x-t)f''(t)dt$$

일반의 경우는 수학적 귀납법을 사용한다. 일단 계산해 두지만 건너 뛰어도 괜찮다.

이번에는 t의 함수

$$g(t) = (x-t)^n f^{(n)}(t)$$

를 생각한다. t에 대해서 미분하면

$$g'(t) = -n(x-t)^{n-1} f^{(n)}(t) + (x-t)^n f^{(n+1)}(t)$$

양변을 0에서 x까지 적분한다.
좌변은

$$\int_0^x g'(t) dt = g(x) - g(0) = -x^n f^{(n)}(0)$$

우변은

$$-n \int_0^x (x-t)^{n-1} f^{(n)}(t) dt + \int_0^x (x-t)^n f^{(n+1)}(t) dt$$

가 된다. 이것은 $R_n(x)$와 비교해서

$$-n! R_{n-1}(x) + n! R_n(x)$$

이다.
따라서

$$-x^n f^{(n)}(0) = -n! R_{n-1}(x) + n! R_n(x)$$

그러므로 $R_{n-1}(x) = \dfrac{1}{n!} f^{(n)}(0) x^n + R_n(x)$ 라는 것이다.

그러면 $f(x) = e^x$에 적용해 본다.

$$e^x = 1 + x + \frac{1}{2!}x^2 + \cdots\cdots + \frac{1}{n!}x^n + R_n(x)$$
$$R_n(x) = \frac{1}{n!}\int_0^x (x-t)^n e^t dt$$

가 된다.

너무나도 이론적으로 돼버렸기 때문에 이 부근에서 그치지만, 실은

$$n \longrightarrow \infty 일 \text{ 때 } R_n(x) \longrightarrow 0$$

이라는 것을 알 수 있다. 따라서 지수함수는

$$e^x = 1 + x + \frac{1}{2!}x^2 + \cdots\cdots + \frac{1}{n!}x^n + \cdots\cdots$$

라 급수로 나타낼 수 있는 것이다.

$R_n(x) \longrightarrow 0$으로 되는 것은

$$n \longrightarrow \infty 일 \text{ 때 } \frac{a^n}{n!} \longrightarrow 0$$

이라는 것을 사용하는 것만을 부가해 두자.

해석적 함수의 공간

지수함수 e^x가

$$e^x = 1 + x + \frac{1}{2!}x^2 + \cdots\cdots + \frac{1}{n!}x^n + \cdots\cdots$$

처럼 무한급수로 표현되는 상태를 보아왔다.
 또 초항 1, 공비 r인 무한등비급수

$$1+r+r^2+ \cdots\cdots +r^n + \cdots\cdots$$

은 $|r|<1$이라면 수렴하여 그 합은

$$\frac{1}{1-r}$$

이라는 것은 고교에서 배우는 것이다. 이것은 $\frac{1}{1-x}$이라는 분수관계가

$$|x|<1 일 때$$
$$\frac{1}{1-x}=1+x+x^2+ \cdots\cdots +x^n + \cdots\cdots$$

으로 무한급수로 표현됨을 보이고 있다.
 n차의 정식(整式)

$$a_0+a_1x+a_2x^2+ \cdots\cdots +a_nx^n$$

의 n을 끝없이 크게 하여, 급수

$$a_0+a_1x+a_2x^2+ \cdots\cdots +a_nx^n + \cdots\cdots$$

을 생각한다. 이것을 정(整)급수 또는 멱급수라 한다.
 정급수에 대해서는 수렴하는지 어떤지가 문제가 된다.
 정급수의 수렴에 관해서 다음의 것을 알고 있다.

$$\lim_{n\to\infty} \left| \frac{a_n}{a_{n+1}} \right| = r$$ 이라면, $|x| < r$ 일 때
정급수 $\sum_{n=0}^{\infty} a_n x^n$ 은 수렴한다.

이 사실의 증명은 생략하지만 이때 구간 $(-r, r)$에서 정급수 $\sum_{n=0}^{\infty} a_n x^n$ 은 하나의 함수를 나타내는 것이 된다. 이 구간을 수렴구간이라 하는데 정급수가 나타내는 함수는 이 구간에서 정의되어 있는 것이 된다.

지수함수 e^x에 대해서는

$$a_n = \frac{1}{n!}, \quad \frac{a_n}{a_{n+1}} = \frac{(n+1)!}{n!} = n+1 \longrightarrow +\infty$$

이므로 구간 $(-\infty, +\infty)$에서 e^x가 정급수

$$\sum_{n=0}^{\infty} = \frac{1}{n!} x^n$$

으로 표현되는 것이다.

또 분수함수 $\dfrac{1}{1-x}$에 대해서는

$$a_n = 1, \quad \frac{a_n}{a_{n+1}} = 1 \longrightarrow 1$$

이므로 구간 $(-1, 1)$에서

$$\frac{1}{1-x} = \sum_{n=0}^{\infty} x^n$$

이 된다. $\frac{1}{1-x}$은 $x \leq -1$에서도 $x>1$에서도 정의되고 있는 것이지만 구간$(-1, 1)$ 내에서 정급수로 표현되는 것이다.

그런데 양수 r을 하나 정해서 구간 $D=(-r, r)$에서 수렴하는 정급수가 나타내는 함수의 전체를 $A(D)$로 나타낸다. $A(D)$의 함수 f는

$$f(x) = \sum_{n=1}^{\infty} a_n x^n \quad (\,|x|<r\,)$$

이라고 정급수로 표현되는 것이다. 이러한 함수 f를 D에서 해석적인 함수라 한다. n차의 정식으로 표현되는 함수는 정의역을 D로 제한하여 생각하고 모두 $A(D)$에 포함된다.

해석적인 함수의 공간 $A(D)$에서는 2개의 함수 f, g의 합 $f+g$, 곱 fg는 또한 $A(D)$에 포함된다. 합에 대해서는 명백한 것이겠지만 곱에 대해서도 옳다는 것이 알려져 있다. 따라서 해석적인 함수의 공간도 하나의 함수고리로 되어 있다.

$$f(x) = \sum_{n=0}^{\infty} a_n x_n \qquad g(x) = \sum_{n=0}^{\infty} b_n x^n$$

$$(f+g)(x) = f(x) + g(x) = \sum_{n=0}^{\infty} (a_n + b_n) x^n$$

$$(fg)(x) = f(x)g(x) = \sum_{n=0}^{\infty} c_n x^n$$

여기서 $c_0 = a_0 b_0$
$c_1 = a_0 b_1 + a_1 b_0$
$c_2 = a_0 b_2 + a_1 b_1 + a_2 b_0$
·········

거듭 해석적인 함수의 공간 $A(D)$에서는 미분, 적분의 조작

제3화 함수공간 *221*

을 몇 회라도 자유로이 행할 수 있는 것도 알고 있다.
 $A(D)$의 함수 f에 대해서

$$f(x) = a_0 + a_1 x + a_2 x^2 + \cdots\cdots + a_n x^n + a_{n+1} x^{n+1} + \cdots\cdots$$

라 하면 그 도함수 $f'(x)$는 정급수의 각 항마다의 미분으로 표현되어 f'도 $A(D)$의 함수가 된다.

$$f'(x) = a_1 + 2a_2 x + 3a_3 x^2 + \cdots\cdots + (n+1)a_{n+1} x^n + \cdots\cdots$$

거듭 미분할 수 있어

$$f''(x) = 2a_2 + 6a_3 x + 12a_4 x^2 \\ + (n+2)(n+1)a_{n+2} x^n + \cdots\cdots$$

가 돼서 f''도 $A(D)$의 함수가 된다.

 이것을 반복해 가면 3회, 4회, ……, n회의 도함수도 $A(D)$의 함수가 된다.
 $x=0$이라 하면

$$f(0) = a_0,\ f'(0) = a_1,\ f''(0) = 2a_2,\ f'''(0) = 6a_3$$
$$일반적으로\ f^{(n)}(0) = n!\,a_n$$

이 됨을 알 수 있다. 결국

 해석적인 함수는 $x=0$에 있어서의 미분계수로 모두 결정된다.

$$f(x) = \sum_{n=0}^{\infty} a_n x^n, \qquad a_n = \frac{1}{n!} f^{(n)}(0)$$
$$(n = 0,\ 1,\ 2,\ \cdots\cdots)$$

이라는 것이 된다.

한편 적분 쪽도 자유여서

$$f(x)=a_0+a_1x+a_2x^2+\cdots\cdots+a_nx^n+\cdots\cdots$$

에 대해서

$$F(x)=\int_0^x f(t)dt=a_0x+\frac{a_1}{2}x^2+\frac{a_2}{3}x^3+\cdots\cdots$$
$$+\frac{a_n}{n+1}x^{n+1}+\cdots\cdots$$

도 $A(D)$의 함수가 된다.

$$A(D) \xrightarrow{\frac{d}{dx}} A(D)$$
$$f(x) \longrightarrow f'(x)$$

$$A(D) \xrightarrow{\int_0^x} A(D)$$
$$f(x) \longrightarrow \int_0^x f(t)dt$$

정함수공간 P

해석함수공간 A(D)

$A(D)$의 함수의 예

$D=\boldsymbol{R}$일 때

$$e^x=1+x+\frac{1}{2!}x^2+\frac{1}{3!}x^3+\cdots\cdots$$
$$\sin x=x-\frac{1}{3!}x^3+\frac{1}{5!}x^5-\frac{1}{7!}x^7+\cdots\cdots$$
$$\cos x=1-\frac{1}{2!}x^2+\frac{1}{4!}x^4-\frac{1}{6!}x^6+\cdots\cdots$$

$D=(-1, 1)$일 때

$$\frac{1}{1-x} = 1+x+x^2+x^3+\cdots\cdots$$

$$\frac{1}{1+x} = 1-x+x^2-x^3+\cdots\cdots$$

$$\log(1+x) = \int_0^x \frac{1}{1+t}dt = x - \frac{1}{2}x^2 + \frac{1}{3}x^3 - \frac{1}{4}x^4 + \cdots\cdots$$

해석적 함수의 한 성질

해석적인 함수에 대해서 하나의 중요한 성질을 언급하자.
수렴구간 $D=(-r, r)$에서 해석적인 함수

$$f(x) = a_0 + a_1 x + a_2 x^2 + \cdots\cdots + a_n x^n + \cdots\cdots$$

을 생각한다.

$f(0) = a_0$이다. a_0가 0이 아닐 때와 0일 때로 경우를 나눠서 생각해 간다.

1) $\underline{a_0 \neq 0}$일 때

$f(x)$는 $(-r, r)$에서 몇 회라도 미분할 수 있는 함수이고 물론

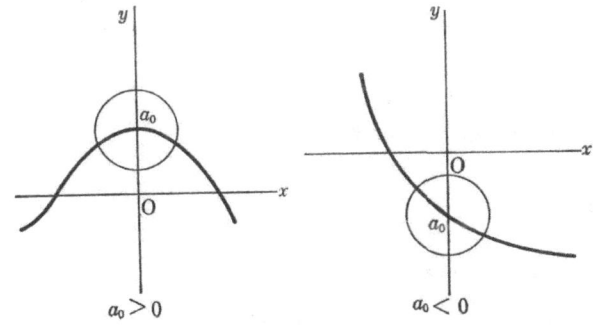

$a_0 > 0$ $a_0 < 0$

연속인 함수이다.

$a_0 \neq 0$이라는 것은 $f(x)$의 그래프는 원점을 지나고 있지 않다는 것이다. 이것은 원점의 충분히 가까운 곳에서는 $f(x)$는 결코 0이 되지 않는다는 것이다.

2) $a_0 = 0$일 때

이때 $f(0) = 0$, 결국 $x = 0$은 방정식 $f(x) = 0$의 풀이이다.

a_0 이외의 계수 a_k에 대해서 생각하면 전부 0이라면, 즉

$$a_0 = a_1 = a_2 = \cdots\cdots = a_k = \cdots\cdots = 0$$

$f(x)$는 콘스탄트함수 0이다.

'모든 계수가 0'은 아닐 때 $a_0, a_1, a_2, \cdots\cdots$로 차례로 조사해서 처음의 0이 아닌 계수가 a_m이라 한다 :

$$a_0 = a_1 = a_2 = \cdots\cdots = a_{m-1} = 0 \qquad a_m \neq 0$$
$$f(x) = a_m x^m + a_{m+1} x^{m+1} + \cdots\cdots$$

x^m을 묶어 내면

$$f(x) = x^m (a_m + a_{m+1} x + a_{m+2} x^2 + \cdots\cdots)$$

가 된다.

$$g(x) = a_m + a_{m+1} x + a_{m+2} x^2 + \cdots\cdots$$

라 두면

$$f(x) = x^m g(x)$$

이다. $g(x)$는 1)에서 생각한 경우, 즉 상수항 a_m이 0이 아닌

정급수로 표현되어 있다.

그래서 방정식 $f(x)=0$을 생각하면

$$x^m g(x) = 0 \begin{cases} x^m = 0 \Rightarrow x = 0 \\ g(x) = 0 \end{cases}$$

이 되지만 1)에서 생각한 것처럼 $g(x)$는 원점의 충분히 가까운 곳에서는 결코 0으로는 되지 않는다. 즉 방정식 $f(x)=0$의 풀이는 원점 0의 부근에서는 $x=0$밖에 없는 것이 된다.

1), 2)를 정리하면 다음과 같이 된다.

해석적 함수 $f(x)$가 콘스탄트함수 $0(f(x) \equiv 0)$이 아닐 때 $f(0)=0$이라면 방정식 $f(x)=0$의 풀이는 $x=0$의 부근에서는 0뿐이다.

이것은 매우 중요한 성질이다. 먼저 다음의 함수 :

$$f(x) \begin{cases} 0 & x \leq 0 \\ x & x > 0 \end{cases}$$

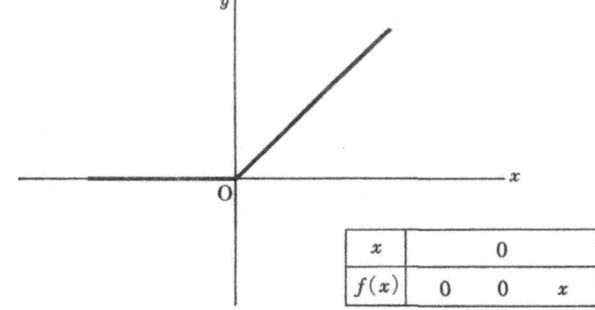

x		0	
$f(x)$	0	0	x

는 해석적은 아니다. 바꿔 말하면 결코 정급수로 나타낼 수는 없다는 것을 알 수 있다.

2개의 결과를 유도해 두자.

$f(x)$가 해석적 함수이고 0으로 수렴하는 $a_n \left(\lim_{n \to \infty} a_n = 0 \right)$에 대해서

$$f(a_n) = 0 \quad (n=1, 2, \cdots\cdots)$$

이라면 $f(x)$는 콘스탄트함수 0이다.

$$f(x) \equiv 0$$

해석적 함수 $f(x)$는 물론 연속이다. 따라서 등식

$$f(a_n) = 0 \quad (n=1, 2, \cdots\cdots)$$

에서 $n \longrightarrow \infty$로 함으로써

$$f(0) = 0$$

이라는 것을 알 수 있다. 그리고 방정식 $f(x)=0$의 풀이는 $x=0$의 부근에 많이 있다($f(a_n)=0$).

그러므로 $f(x) \equiv 0$이 아니면 위에서 언급한 성질과 모순된다.

2개의 해석적 함수 $f(x), g(x)$의 곱이 0

$$f(x)g(x) = 0$$

이라면 $f(x)$와 $g(x)$의 어느 쪽인가는 콘스탄트함수 0이다.

$f(x)$와 $g(x)$의 수렴구간 $D=(-r, r)$은 물론 같다고 하여 생각한다.

가정의 $f(x)g(x)=0$이라는 것은 $-r<x<r$인 각 x에 대해서

$$f(x)=0 \text{ 또는 } g(x)=0$$

이라는 것이다. 결론은

$$f(x)\equiv 0 : f(x)=0 \ (-r<x<r)$$
또는
$$g(x)\equiv 0 : g(x)=0 \ (-r<x<r)$$

이라는 것이다. 어느 쪽인가 한쪽은 완전히 0이라는 것이다.

0으로 수렴하는 수열 a_n을 생각하면

$$f(a_n)g(a_n)=0$$

그러므로 $f(a_n)=0$ 또는 $g(a_n)=0$이 된다. 그러므로 $f(x)$와 $g(x)$의 어느 쪽인가는 무한히 많은 a_n에서 0이 된다. 그러므로 위에 유도한 제1의 결과를 사용하면

$$f(x)\equiv 0 \text{ 또는 } g(x)\equiv 0$$

이 된다.

해석적이 아닌 함수에 대해서는 곱이 0이라 하여 어느 쪽인가가 콘스탄트로 0이라고는 말할 수 없다. 예컨대

$$f(x)=\begin{cases} 0 & (x\leq 0) \\ x & (x>0) \end{cases} \qquad g(x)=\begin{cases} x^2 & (x\leq 0) \\ 0 & (x>0) \end{cases}$$

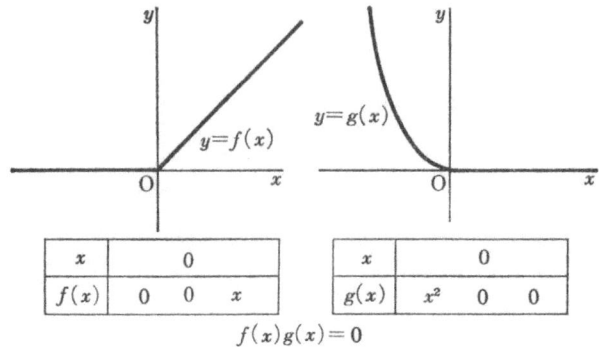

의 2개를 생각해 보면 알 수 있을 것이다.

함수의 그래프의 매끄러움

함수 $f(x)$의 그래프가 매끄럽다는 것은 그 함수 $f(x)$를 미분할 수 있다는 것, 즉 도함수 $f'(x)$를 고려할 수 있다는 것을 바꿔 말한 바로 그것이다. 미분할 수 있는지 어떤지는 함수의 그래프의 매끄러움을 표현하는 관건이기도 하다.

x의 정식으로 표현되는 정함수나 정급수로 표현되는 해석적 함수는 몇 회라도 미분할 수 있었다. 그래프의 매끄러움으로 말하면 가장 질이 좋은 함수라 할 수 있을 것이다.

이 항에서는 몇 회인가 미분하면 매끄럽지 않게 되는 함수를 구체적 예에 따라서 보자. 매끄러움이라는 점에서는 질이 좋지 않은 것이지만 이것을 인공적으로 만들어 가자는 것이다. 전시품을 감상하기 바란다.

이하에서 함수 $f(x)$는

$$f(x)=0 \quad (x\leqq 0)$$

이라 한다. $x>0$일 때의 함수값을 여러 가지로 결정해 간다. 그래프에서 말하면 x축의 마이너스 부분에 여러 가지 곡선을 접목(接木)하는 것이다.

① 연속이지만 미분할 수 없다.

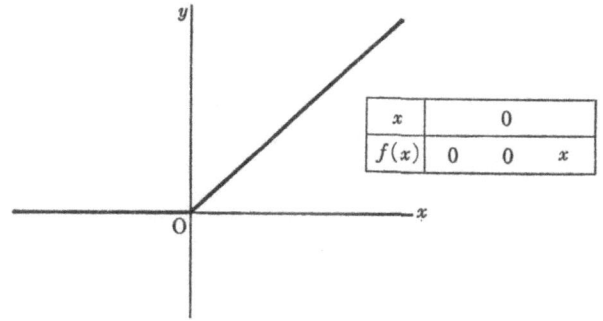

x		0	
$f(x)$	0	0	x

② 미분할 수 있지만 $f'(x)$는 미분할 수 없다.

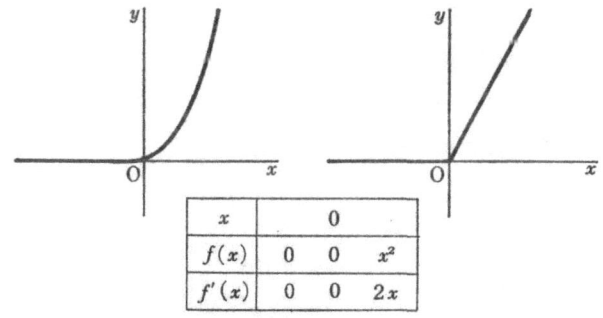

x		0	
$f(x)$	0	0	x^2
$f'(x)$	0	0	$2x$

③ 2회 미분할 수 있지만 $f''(x)$는 미분할 수 없다.

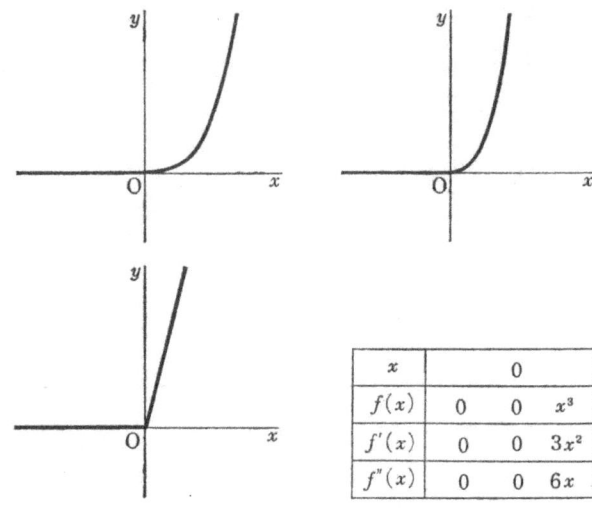

x	0		
$f(x)$	0	0	x^3
$f'(x)$	0	0	$3x^2$
$f''(x)$	0	0	$6x$

이러한 상태로 진행하면

$$f(x)=0 \quad (x\leq 0)$$

에 $x>0$일 때 x^n을 접목하여 만들어지는 함수는 $n-1$회 미분할 수 있지만 $f^{(n-1)}(x)$는 미분할 수 없게 된다.

x	0		
$f(x)$	0	0	x^n
$f'(x)$	0	0	nx^{n-1}
$f''(x)$	0	0	$n(n-1)x^{n-2}$
....	....		
$f^{(n-1)}(x)$	0	0	$n!x$

위의 여러 예는 미분할 수 없다 해도 $x=0$의 부분뿐이다. 그래프로 말하면 원점의 부분만 모가 난 것에 불과하다.

①의 $f(x)$에서 말하면

$x<0$에서는 $f'(x)=0$

$x>0$에서는 $f'(x)=1$

이다.

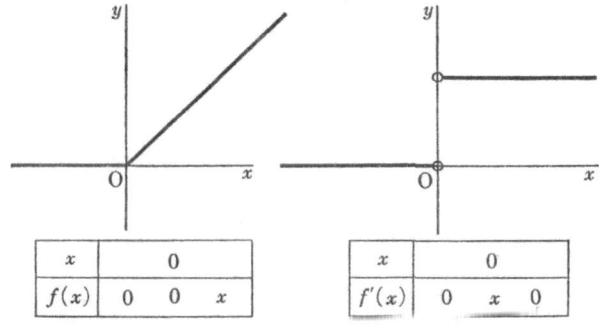

미분할 수 없는 부분이 잔뜩 있는 함수를 만들 수도 있다. 다음의 톱날 같은 꺾은선을 그래프로 하는 함수를 $f(x)$라 한다. 이 $f(x)$는 그래프가 뾰족한 부분에서 미분할 수 없다.

바이어슈트라스라는 학자는 더 병적인 함수를 생각해 냈다. 그래프는 연결되어 있는데 어디서도 미분할 수 없는 함수이다. 더구나 그 그래프를 시각적으로 파악하는 것도 불가능한 것이다. 참고로 그 식을 나타내어 보이면

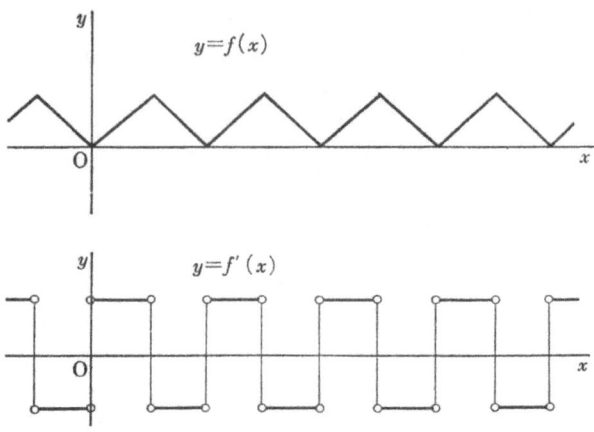

$$f(x) = \cos(\pi x) + \frac{1}{2}\cos(13\pi x) + \frac{1}{4}\cos(13^2\pi x) + \cdots\cdots$$

라는 것으로 코사인함수를 항으로 하는 급수로 표현되어 있다. 일반항은

$$\frac{1}{2^n}\cos(13^n \pi x)$$

이다. 코사인함수는 해석적인 함수이고 몇 회라도 미분할 수 있다. 따라서 위의 급수의 부분합은 해석적이다. 지나치게 충분할 정도로 매끄럽다. 무한급수의 합을 생각하면 '어디서도 미분할 수 없다, 게다가 그래프는 연결되어 있다'라는 병적인 함수이다. 이러한 것을 엄밀히 증명하려면 미분, 적분의 기초부터 두드려 고치지 않으면 안된다. 아니, 역으로 이러한 함수

의 출현이 계기가 돼서 미분·적분의 기초가 탐구되고 확실한 것으로 되어 왔다라고 하여야 할 것이다.

연속인 함수

어떤 구간 D, 예컨대 $(-r, r)$을 하나 정해서 D를 정의역으로 하는 함수에 대해서 생각하자.

D는 $(-\infty, \infty)$ 즉 실수 전체라도 상관없다. D에서 정의되는 함수의 전체를 $F(D)$로 나타냈다. 함수의 식 표시는 아니고 이번에는 함수의 성질에 착안한 함수공간 $F(D)$의 분석, 개척의 상태를 바라보면서 가자(안내지도의 우측 192페이지 참조).

먼저 D에서 연속인 함수의 전체를 $C(D)$라 한다. 함수가 연속이란 그 그래프가 하나로 연결되어 있다는 것과 끊어진 틈새기가 없다는 것이다. 그렇다고는 하지만 앞 항에서 소개한 바이어슈트라스의 함수처럼 그래프를 그릴 수 없는 연속함수도 있으므로 엄밀히는 연속이라는 것을 수학적인 밀도 나타내지 않으면 안된다.

이제까지도 몇 번이나 '연속인 함수'라는 것을 예사롭게 사용해 왔으나 여기서 서두르지 않는 분들을 위해 함수가 연속이라는 것을 잠시 설명하자.

함수 $f(x)$가 $x=c$에서 연속이란

x가 c로 끝없이 접근한다면
$f(x)$는 $f(c)$로 끝없이 접근한다
$x \to c$라면 $f(x) \longrightarrow f(c)$

라는 것이다. 여기서 문제가 되는 것은 2개의

끝없이 접근한다

라는 표현이 있지만 이것을 어떻게 해석하는가라는 것이다.

'$f(x)$가 $f(c)$에 가깝다'라는 것을 어느 정도 가까운지 $f(x)$와 $f(c)$의 오차의 정도를 정해 본다.

1	정도 가깝다 함은	$|f(x)-f(c)| < 1$
0.1	정도 가깝다 함은	$|f(x)-f(c)| < 0.1$
0.01	정도 가깝다 함은	$|f(x)-f(c)| < 0.01$
…………		

이라 표현된다. 일반적으로 양수 ε에 대해서

ε 정도 가깝다 함은 $|f(x)-f(c)| < \varepsilon$이 된다.

$f(x)$가 $f(c)$에 ε 정도 가깝게 하려면 어떻게 하면 되는 것일까?

$$x \longrightarrow c 라면 f(x) \longrightarrow f(c)$$

라는 것은 이 질문

$$|f(x)-f(c)| < \varepsilon 라 하기 바란다!$$

라는 주문에 양수 δ를 충분히 작게 잡으면

$$0 < |x-c| < \delta 이면 된다.$$

라고 답할 수 있는 것이다. 더구나 '끝없이'라고 하는 것은 어떠한 양수 ε에 대해서도

$$|f(x)-f(c)| < \varepsilon 라 하라!$$

라는 요구에 충분히 작은 δ를 잡고

'네, $|x-c|<\delta$로 하면 됩니다'

라고 답할 수 있는 것이다. 이것이 이른바 'ε-δ 논법'이라 일컬어지는 것으로 '끝없이 접근한다'라는 동적인 표현을 정적인 조건으로 나타내고 있는 것이다. 다만 임의의 ε에 대한 조건이므로 무한개의 조건이 충족되어 있을 것이 요구되고 있는 것이다.

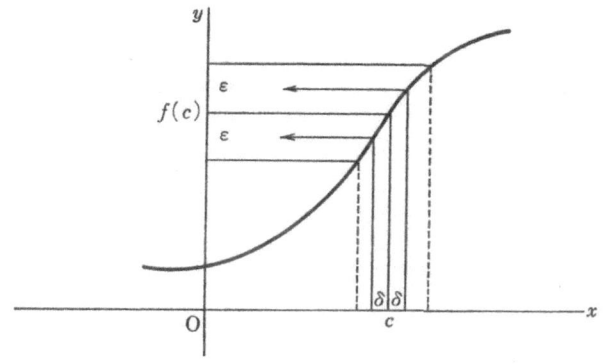

'$|f(x)-f(c)|<\varepsilon$라 하기 바랍니다'라는 요구에 단순히 '$x=c$라 하면 됩니다'라고 답하여서는 x가 c에 끝없이 접근한다는 기분이 나타나 있지 않다.

$|x-c|<\delta$인 모든 x에 대해서 $|f(x)-f(c)|<\varepsilon$가 되는 것이 요구되고 있는 것이다.

임의의 양수 ε를 잡고 $|f(x)-f(c)|<\varepsilon$라 하여라!
그러면 δ라는 양수를 가지고 오면

$$|x-c|<\delta \Rightarrow |f(x)-f(c)|<\varepsilon$$
가 된다.

라는 것이다.

여기서 $f(c)$의 대신에 γ를 잡으면

$$x \to c \text{라면 } f(x) \to \gamma$$

라는 함수의 극한도

임의의 양수 ε에 대하여
$|f(x)-\gamma|<\varepsilon$라 하여라!
그러면 δ라는 양수를 가지고 오면 $0<|x-c|<\delta$라
면 $|f(x)-\gamma|<\varepsilon$가 된다.

라고 엄밀한 형태로 표현할 수 있는 것이다.

콘스탄트함수나 항등함수는 이 연속의 조건을 충족시키고 있으므로 연속함수이다.

$f(x) \equiv \gamma$ $|f(x)-f(c)|<\varepsilon$라 하여라!
좌변은 $\gamma-\gamma=0$이므로
δ로서는 어느 양수도 된다.

$f(x)=x$ $|f(x)-f(c)|<\varepsilon$라 하여라!
좌변은 $|x-c|$이므로
$\delta=\varepsilon$라 하면 된다.

이 연속의 정의를 사용해서 2개의 연속함수의 합이나 곱이 연속이라는 것이 증명된다. 따라서 콘스탄트함수와 항등함수로

부터 합이나 곱으로 만들어지는 정함수는 모두 연속함수이다.

또 이 연속의 정의를 사용해서 정급수로 표현되는 함수나 바이어슈트라스의 함수 등도 연속이라는 것이 증명되는 것이다.

이렇게 하여 D에서 정의된 연속인 함수의 공간 $C(D)$도 함수의 합이나 곱의 연산을 자유로이 행할 수 있는 함수 고리의 하나이다.

함수 f의 미분계수 $f'(c)$는

$$x \longrightarrow c \text{일 때 } \frac{f(x)-f(c)}{x-c} \longrightarrow f'(c)$$

로 정의하였으나 이것도 엄밀히는

임의의 양수 ε에 대해서
$$\left| \frac{f(x)-f(c)}{x-c} - f'(c) \right| < \varepsilon$$
라 하여라!
그를 위해서는 양수 δ를 잡을 수 있어
$0 < |x-c| < \delta$라면 $\left| \frac{f(x)-f(c)}{x-c} - f'(c) \right| < \varepsilon$
가 된다.

라고 표현되는 것이다.

미분가능한 함수의 공간

연속이지만 미분할 수 없는 함수, 미분할 수 있지만 도함수는 미분할 수 없는 함수 등의 예는 '함수의 그래프의 매끄러움'의 항에서 보았다.

연속함수공간 $C(D)$ 속에서 미분가능한 함수의 전체는 하나의 결말이 있는 세계를 만들고 있다. 미분가능한 함수, 도함수를 생각할 수 있는 함수, 그래프에 접선을 그을 수 있는 함수, 여러 가지 표현이 있지만 접선을 매개로 하여 미분가능한 함수와 그 국부적 표현인 1차함수가 손을 잡는 것이다.

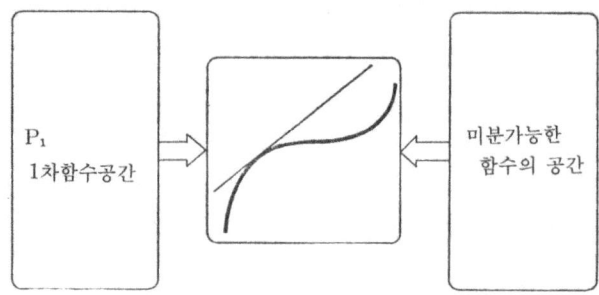

함수 $f(x)$가 미분가능할 때 그 도함수 $f'(x)$는 연속이 되면 좋지만 유감스럽게도 그렇게는 되지 않는다. 예컨대

$$f(x) = \begin{cases} x^2 \sin \dfrac{1}{x} & (x \neq 0) \\ 0 & (x=0) \end{cases}$$

라는 함수는 미분할 수 있다. 도함수는

$$f(x) = \begin{cases} 2x \sin \dfrac{1}{x} - \cos \dfrac{1}{x} & (x \neq 0) \\ 0 & (x=0) \end{cases}$$

이 되지만 이 $f'(x)$는 $x=0$에서는 연속이 아니다.

그래서 미분이 가능하고 그 도함수도 연속이 되는 함수를 'C^1클래스의 함수'라 이름을 붙인다. C^1클래스의 함수의 전체를

$C^1(D)$로 나타낸다. 함수공간 $C^1(D)$도 그 속에서 함수의 합이나 곱을 생각할 수 있는 하나의 결말이 있는 함수의 세계, 함수고리의 하나이다.

거듭 함수 $f(x)$가 2회 미분가능하고 $f''(x)$도 연속인 함수를 C^2클래스의 함수라 한다. C^2클래스의 함수의 전체를 $C^2(D)$로 나타낸다.

C^2클래스의 함수 $f(x)$에 대해서는 그 도함수 $f'(x)$, 제2차 도함수 $f''(x)$(물론 $f(x)$도)가 연속인 함수이다.

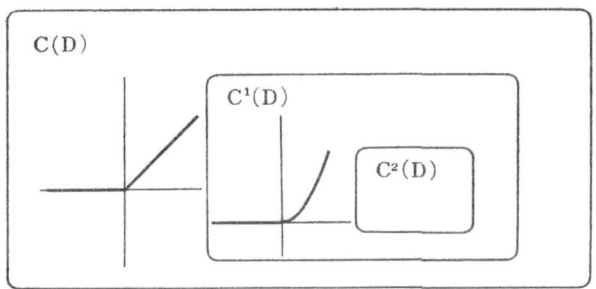

$C^2(D)$인 함수의 도함수는 $C^1(D)$의 함수가 된다. C^1클래스의 함수의 도함수는 연속함수이다.

$$C^2(D) \xrightarrow{\frac{d}{dx}} C^1(D) \xrightarrow{\frac{d}{dx}} C(D)$$
$$f(x) \longrightarrow f'(x) \longrightarrow f''(x)$$

일반적으로 함수 $f(x)$가 n회 미분가능하고 제n차 도함수 $f^{(n)}(x)$도 연속이 되는 함수를 C^n클래스의 함수라 한다. C^n클래스의 함수의 전체를 $C^n(D)$로 나타낸다.

C^n클래스의 함수 f에 대해서는 $n+1$개의 함수

$$f(x), f'(x), f''(x), \cdots\cdots, f^n(x)$$

가 모두 연속이다.

함수공간 $C^{n+1}(D)$와 n차함수공간 P_n과의 가교가 '기본정리의 확장'의 항(212페이지)에서 언급한 등식이다.

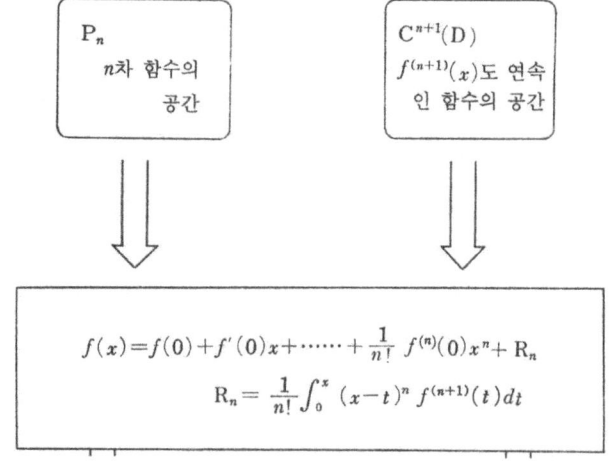

거듭 한걸음 아니 무한걸음 나아가서 몇 회라도 미분할 수 있는 함수를 C^∞클래스의 함수라 하고 $C^\infty(D)$로 나타낸다. 무한회 미분가능한 함수의 공간이다.

$$C^\infty(D) = \bigcap_{n=1}^{\infty} C^n(D)$$

$D=(-r, r)$일 때 D에서 해석적인 함수는 몇 회라도 미분할

수 있었으므로 해석적 함수의 공간 $A(D)$는 무한회 미분가능 함수의 공간 $C^\infty(D)$의 부분공간이다.

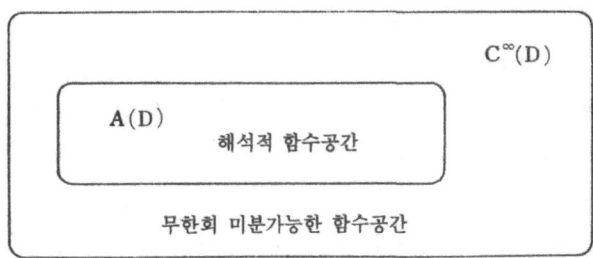

무한회 미분가능하지만 해석적이 아닌, 즉 정급수로 나타낼 수 없는 함수의 예의 하나는 다음의 함수이다.

$$f(x) = \begin{cases} 0 & (x \leq 0) \\ e^{-\frac{1}{x}} & (x > 0) \end{cases}$$

x		0	
$f(x)$	0	0	$e^{-\frac{1}{x}}$

이 함수가 해석적이 아니라는 것은 $x \leq 0$일 때 콘스탄트 0이므로 해석적 함수의 성질로부터 이미 알 것으로 생각한다. 이 함수는 몇 회라도 미분가능하고 게다가

$$f^{(n)}(0)=0 \qquad (n=1, 2, \cdots\cdots)$$

이다. 즉 $x=0$의 부분에서 몇 회 미분을 해도 모가 나지 않는 무한으로 매끄러운 함수이다.

그럭저럭 함수공간의 관광여행도 마지막에 가까워졌다. 개개의 함수를 생각하는 것이 아니고 어떤 성질을 갖는 함수의 전체를 일괄해서 생각하는 것이 현대의 해석학, 함수해석학의 사고방식이다.

다시 한 번 함수공간의 안내지도를 바라보기 바란다. 단순한 것에서 복잡한 것으로, 일반적인 것에서 특수한 것으로 여기서도 또 협공의 모습을 전망(展望)할 수 있을 것이다.

함수공간에는 여기서 언급한 여러 공간 이외에도 아직 여러 가지가 있다.

예컨대 사인, 코사인의 함수공간, 3각함수공간을 들 수 있다. 또 연속함수는 적분할 수 있었으나 연속함수공간을 포함하는 것으로서 적분가능한 함수의 공간도 있다.

미분적분의 기초적인 공부를 끝내면 꼭 함수해석학의 문을 두드릴 것을 권유하고 붓을 놓기로 한다.

《부록》

부등식

끼워 넣기의 방법, 즉

    크게 어림잡아라, 작게 어림잡아라, 접근시켜라!

라는 사고방식에 기초를 둔 논의에서는 당연히 부등식이 활약한다. 해석학은 부등식의 연구가 핵심으로 되어 있다라고 조차 일컬어지고 있다.

본문에서도 여러 가지 부등식을 사용해 왔다. 그래서 증명 없이 결과만을 사용한 몇 가지의 부등식에 대해서 해설을 하여 두자. 이 부록 자체가 하나의 수학적인 읽을거리가 되는 것이 아닌가 생각한다.

1° 산술평균과 기하평균

n개의 양수 $a_1, a_2, \cdots\cdots, a_n$의 산술(算術)평균 A, 기하(幾何)평균 G란

$$A = \frac{a_1 + a_2 + \cdots\cdots + a_n}{n} \ , \ G = \sqrt[n]{a_1 \ a_2 \ \cdots\cdots \ a_n}$$

을 말한다. 산술평균을 상가평균, 기하평균을 상승평균이라고도 한다.

$n=2$일 때, 산술평균과 기하평균의 차를 조사하면:

$$\frac{a_1+a_2}{2} - \sqrt{a_1 a_2} = \frac{1}{2}(a_1 - 2\sqrt{a_1 a_2} + a_2)$$
$$= \frac{1}{2}(\sqrt{a_1} - \sqrt{a_2})^2$$

이므로 이 차는 ≥ 0, 즉 부등식

$$\frac{a_1+a_2}{2} \geq \sqrt{a_1 a_2}$$

가 성립한다. 더욱이 $\geq$가 등호가 되는 것은 $a_1 = a_2$일 때에 한정됨을 알 수 있다.

n이 2보다 클 때도 부등식

산술평균 $\geq$ 기하평균

이 성립한다. 즉

$a_1 > 0$, $a_2 > 0$, ……, $a_n > 0$일 때

$$\frac{a_1 + a_2 + \cdots + a_n}{n} \geq \sqrt[n]{a_1 a_2 \cdots a_n}$$

여기서 등호는 $a_1 = a_2 = \cdots = a_n$일 때에 한해서 성립한다.

등호성립의 단서는 a_1, a_2, ……, a_n 속에 똑같지 않은 것이 1조라도 있으면

$$\frac{a_1 + a_2 + \cdots + a_n}{n} \geq \sqrt[n]{a_1 a_2 \cdots a_n}$$

이 된다(완전히 커진다)라는 것이다.

이 '산술평균 ≧ 기하평균'이라는 부등식은 매우 중요한 것으로 여러 가지 부등식의 수원지(水源池)의 하나로 되어 있다. 그리고 이 부등식의 증명도 실로 여러 가지 방법이 알려져 있다. 그 하나를 소개하자.

〈해설〉 먼저 전부가 똑같을 때, 즉 $a_1=a_2=\cdots\cdots=a_n$일 때는 그 값을 a라 하면 산술평균도 기하평균도 a가 돼서 등호가 성립한다.

다음으로 $a_1, a_2, \cdots\cdots, a_n$ 속에 똑같지 않은 조가 있는 경우를 생각한다. n개의 수 $a_1, a_2, \cdots\cdots, a_n$의 산술평균을 A, 기하평균을 G라 한다.

$a_1, a_2, \cdots\cdots, a_n$의 순서는 상관없으므로

$$a_1 \geq a_2 \geq \cdots\cdots \geq a_n$$

이라 해도 될 것이다. 이 중에 똑같지 않은 조가 있는 것이니까 어디선가에서 >로 되어 있다. 따라서 $a_1 > a_n$이고 또

$$a_1 > A > a_n$$

으로 되어 있다.

그래서 a_1과 a_n을 a_1+a_n-A와 A로 바꿔놓아 본다. 그 밖의 것은 그대로 둔다.

$$a_1 \quad a_2 \quad a_3, \cdots\cdots, \quad a_{n-1} \quad a_n \quad (1)$$
$$\downarrow \quad \downarrow \quad \downarrow \quad\quad\quad \downarrow \quad \downarrow$$
$$a_1+a_n-A, \quad a_2 \quad a_3, \cdots\cdots, \quad a_{n-1}, \quad A \quad (2)$$

(1)은 대소의 순으로 배열되어 있으나 (2)는 반드시 그렇다고는 할 수 없다. 그러나 산술평균을 잡으면

$$(a_1+a_n-A)+A=a_1+a_n$$

이므로 (2)의 산술평균도 A이고 (1)의 산술평균과 변화가 없다.

(2)의 산술평균=(1)의 산술평균

(1), (2)의 기하평균을 생각한다. 바꿔놓은 부분만 비교해 보면

$$(a_1+a_n-A) \cdot A - a_1 a_n$$
$$= -A^2 + (a_1+a_n)A - a_1 a_n$$
$$= (a_1-A)(A-a_n)$$

이 되고 $a_1 > A > a_n$ 이므로 이것은 양이다. 즉

$$(a_1+a_n-A)A > a_1 a_n$$

이다. 따라서

(2)의 기하평균 > (1)의 기하평균

이 된다.

이것으로 계산은 끝이다. 나머지는 추리를 진행시킬 뿐이다. 지금의 바꿔놓음의 수순을 되돌아 보면

$a_1, a_2, \cdots\cdots, a_n$의 산술평균을 A, 기하평균을 G라 한다.

$a_1, a_2, \cdots\cdots, a_n$ 속에 똑같지 않은 것이 있다.

이것을 대소의 순으로 바꿔 배열한다. 최대인 a_1과 최소인 a_n을 a_1+a_n-A와 A로 바꿔 놓는다.

그 결과 산술평균은 불변, 기하평균은 커진다.

그래서 (2)의 n개의 수

$$a_1+a_n-A,\ a_2,\ \cdots\cdots,\ a_{n-1},\ A$$

에 대해서 이 속에 똑같지 않은 것이 있으면 같은 조작을 반복한다. 1회마다 산술평균 A가 n개의 수 속에 나타나고 전체로서 산술평균은 불변, 기하평균은 증가한다.

이와 같이 하여 $n-1$회째에는 전부가 A가 되어 그때의 기하평균은 A이고 잇달은 조작으로 커지면서 A가 된 것이므로 처음에는

$$A>G$$

였던 것이다. (해설 끝)

부등식 산술평균≧기하평균과 특히 등호성립의 조건으로부터 다음의 최대·최소문제가 해결된다.

n개의 양수 $a_1,\ a_2,\ \cdots\cdots,\ a_n$에 대해서
  합 $a_1+a_2+\cdots\cdots+a_n$이 일정할 때
    곱 $a_1a_2\cdots\cdots a_n$이 최대가 되는 것은
  $a_1=a_2=\cdots\cdots=a_n$일 때이다.
  곱 $a_1a_2\cdots\cdots a_n$이 일정할 때
    합 $a_1+a_2+\cdots\cdots+a_n$이 최소가 되는 것은

$a_1 = a_2 = \cdots\cdots = a_n$ 일 때이다.

예컨대 '3변 a, b, c의 직육면체에서 표면적

$$2(ab+bc+ca)$$

가 일정하고 부피 abc가 최대가 되는 것은 정육면체($a=b=c$) 일 때이다'라는 것이다.

2° $(1+x)^p$에 관한 부등식

p를 유리수라 하고 $x > -1$의 범위에서 $(1+x)^p$을 생각한다. 다음의 부등식이 성립한다.

$p > 1$일 때 $(1+x)^p \geq 1+px$
$0 < p < 1$일 때 $(1+x)^p \leq 1+px$
$p < 0$일 때 $(1+x)^p \geq 1+px$

어느 경우도 등호는 $x=0$일 때에 한해서 성립한다(다만 $x > -1$).

$p > 1$일 때 $p = \dfrac{m}{n}$이라 둔다. $m > n$이다. 증명하고자 하는 부등식은

$$(1+x)^{\frac{m}{n}} \geq 1 + \frac{m}{n}x$$

이다.

우변이 $1 + \dfrac{m}{n}x \leq 0$일 때는 당연하다.

우변 $1+\frac{m}{n}x > 0$이라 하자. 그래서

  양수 $1+\frac{m}{n}$을 n개

  양수 1 을 $m-n$개

전체로서 m개의 수를 생각한다. 이 m개의 수에 대해서

  산술평균은 $\frac{1}{m}\left\{n\left(1+\frac{m}{n}x\right)+(m-n)\cdot 1\right\}=(1+x)$

  기하평균은 $\sqrt[m]{\left(1+\frac{m}{n}\right)^n \cdot 1^{m-n}}=\left(1+\frac{m}{n}x\right)^{\frac{n}{m}}$

이다. 따라서

$$1+x \geq \left(1+\frac{m}{n}x\right)^{\frac{n}{m}}$$

여기서 등호는 $1+\frac{m}{n}x=1$일 때, 즉 $x=0$일 때에 한정한다.
 양변을 $\frac{m}{n}$승 하면

$$(1+x)^{\frac{m}{n}} \geq 1+\frac{m}{n}x$$

가 구하는 부등식이다. 이것으로 제1의 부등식이 유도되었다.
 제2의 부등식은 $x>-1$, $0<p<1$이므로

$$1+px>-1,\ \frac{1}{p}>1$$

이다. 그래서 제1의 부등식을 사용하면

$$(1+px)^{\frac{1}{p}} \geq 1+\frac{1}{p}(px)=1+x$$

가 된다. 등호는 $x=0$일 때에 한정한다.

양변을 p승 하면

$$1+px \geq (1+x)^p$$

다름 아닌 제 2 의 부등식 바로 그것이다.

$p<0$일 때, 즉 제 3 의 부등식이지만 $1+px \leq 0$이라면 나무랄 데 없다.

$1+px > 0$이라 한다. 그리고 $-p < n$인 자연수 n을 잡는다 (아르키메데스의 원칙).

$0<-\frac{p}{n}<1$이므로 제 2 의 부등식을 사용하면

$$(1+x)^{-\frac{p}{n}} \leq 1-\frac{p}{n}x$$

여기서 등호는 $x=0$일 때에 한정한다.

따라서 역수를 잡으면

$$(1+x)^{\frac{p}{n}} \geq \frac{1}{1-\frac{p}{n}x} \geq 1+\frac{p}{n}x$$

(2번째의 $\geq$는 $1 \geq 1-\left(\frac{p}{n}x\right)^2$으로부터 나온다.)

양변을 n승하면

$$(1+x)^p \geq \left(1+\frac{p}{n}x\right)^n \geq 1+px$$

(2번째의 ≧는 제1의 부등식을 사용하고 있다.)

그러므로

$$(1+x)^p \geq 1+px$$

이상 3개의 부등식에서 p를 유리수라 하였지만 일반적으로 p가 실수의 경우에도 그대로의 형태로 성립한다.

이들의 부등식을 그래프로 나타내 보면 다음과 같다. 어느 경우도 직선 $y=1+px$가 점$(0, 1)$에서의 접선이다.

3° $a_n = \left(1+\dfrac{1}{n}\right)^n$, $b_n = \left(1+\dfrac{1}{n}\right)^{n+1}$

$b_n = \left(1+\dfrac{1}{n}\right)a_n$ 이므로 $a_n < b_n$ 이다. $\{a_n\}$이 단조로운 증가, $\{b_n\}$이 단조로운 감소라는 것을 나타내어 보이자.

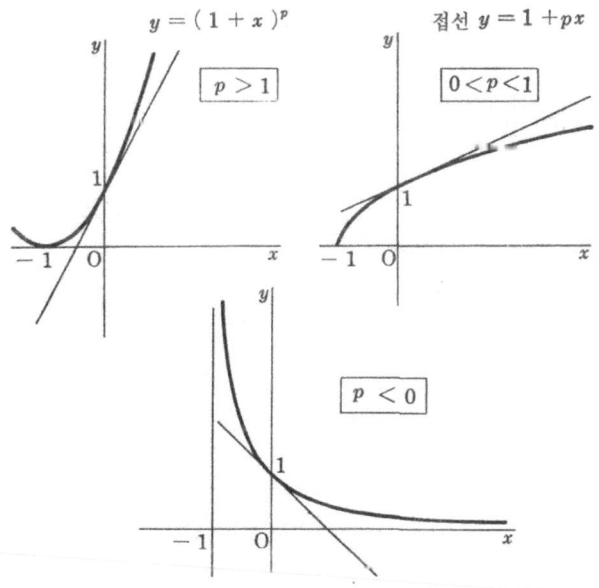

$$\left(1+\frac{1}{n}\right)^n < \left(1+\frac{1}{n+1}\right)^{n+1}, \left(1+\frac{1}{n+1}\right)^{n+2} < \left(1+\frac{1}{n}\right)^n$$

처음의 부등식은 2°의 제 1 의 부등식이고

$$p=\frac{n+1}{n} \quad x=\frac{1}{n+1}$$

이라 하면

$$\left(1+\frac{1}{n+1}\right)^{\frac{n+1}{n}} > 1+\frac{n+1}{n}\frac{1}{n+1}=1+\frac{1}{n}$$

이므로 양변을 n승하면

$$\left(1+\frac{1}{n+1}\right)^{n+1} > \left(1+\frac{1}{n}\right)^n$$

이 된다.

2번째의 부등식은 2°의 2번째이고

$$p=\frac{n+1}{n+2} \quad x=-\frac{1}{n+1}$$

이라 하면

$$\left(1-\frac{1}{n+1}\right)^{\frac{n+1}{n+2}} < 1-\left(\frac{n+1}{n+2}\right)\frac{1}{n+1}=1-\frac{1}{n+2}$$

그러므로

$$\left(\frac{n}{n+1}\right)^{n+1} < \left(\frac{n+1}{n+2}\right)^{n+2}$$

역수를 잡으면

$$\left(\frac{n+1}{n}\right)^{n+1} < \left(\frac{n+2}{n+1}\right)^{n+2}$$

즉

$$\left(1+\frac{1}{n}\right)^{n+1} > \left(1+\frac{1}{n+1}\right)^{n+2}$$

가 된다.

4° $1^r+2^r+\cdots\cdots+n^r$에 관한 부등식

r을 양의 유리수라 한다. 이때 다음의 부등식을 유도하자.

$$1^r+2^r+\cdots\cdots+(n-1)^r < \frac{n^{r+1}}{r+1} < 1^r+2^r+\cdots\cdots+n^r$$

2°의 부등식에서 $p=r+1$이라 하면($r>0$이므로 $r+1>1$)

$$(1+x)^{r+1} \geq 1+(r+1)x$$

여기서 $x=\frac{1}{k}$을 대입하면

$$\left(1+\frac{1}{k}\right)^{r+1} > 1+\frac{r+1}{k}$$

k^{r+1}을 곱하여

$$(k+1)^{r+1} > k^{r+1} + (r+1)k^r$$

그러므로

$$(r+1)k^r < (k+1)^{r+1} - k^{r+1} \qquad (1)$$

또 $x=-\frac{1}{k}$을 대입하면

$$\left(1-\frac{1}{k}\right)^{r+1} > 1-\frac{r+1}{k}$$

k^{r+1}을 곱하여 항을 옮긴다 :

$$k^{r+1}-(k-1)^{r+1} < (r+1)k^r \qquad (2)$$

(1)에서 $k=0, 1, 2, \cdots\cdots, (n-1)$
(2)에서 $k=1, 2, \cdots\cdots, n$
이라 둔다.

$$(r+1)0^r < 1^{r+1}-0^{r+1} < (r+1)1^r$$
$$(r+1)1^r < 2^{r+1}-1^{r+1} < (r+1)2^r$$
$$(r+1)2^r < 3^{r+1}-2^{r+1} < (r+1)3^r$$
$$\cdots\cdots\cdots\cdots\cdots\cdots$$
$$(r+1)(n-1)^r < n^{r+1}-(n-1)^{r+1} < (r+1)n^r$$

변과 변을 더하면 중앙의 합은 차례로 없어져 n^{r+1}만이 남아, 결국

$$(r+1)(1^r+2^r+\cdots\cdots+(n-1)^r) < n^{r+1}$$
$$< (r+1)(1^r+2^r+\cdots\cdots+n^r)$$

이 된다. 따라서

$$1^r+2^r+\cdots\cdots+(n-1)^r < \frac{n^{r+1}}{r+1}$$
$$< 1^r+2^r+\cdots\cdots+n^r$$

이것이 구하는 부등식이었다.

디아스포라(DIASPORA)는 독자 여러분의 책에 관한 아이디어와 원고 투고를 기다리고 있습니다. 디아스포라는 전파과학사의 임프린트로 종교(기독교), 경제·경영서, 일반 문학 등 다양한 장르의 국내 저자와 해외 번역서를 준비하고 있습니다. 출간을 고민하고 계신 분들은 이메일 chonpa2@hanmail.net로 간단한 개요와 취지, 연락처 등을 적어 보내주세요.

미적분에 강해진다
그 의미와 사고방법

—

초판 1994년 5월 15일
중판 2001년 5월 20일
중쇄 2018년 5월 1일

—

지은이 시바타 도시오
옮긴이 임승원

—

펴낸이 손동민
펴낸곳 전파과학사
출판등록 1956. 7. 23. 제10-89호
주 소 서울시 서대문구 증가로18, 204호
전 화 02-333-8877(8855)
팩 스 02-334-8092
이메일 chonpa2@hanmail.net
공식 블로그 http://blog.naver.com/siencia

ISBN 978-89-7044-557-1 (03410)

• 이 책은 저작권법에 따라 보호받는 저작물이므로 무단전재와 무단복제를 금지하며, 이 책 내용의 전부 또는 일부를 이용하려면 반드시 저작권자와 전파과학사의 서면동의를 받아야 합니다.
• 파본은 구입처에서 교환해 드립니다.